Zu diesem Buch

«Emilio Sanna holt weit aus, um die Untragbarkeit der Einrichtung Zoo in all ihren Spielarten zu belegen. Er hat vor allem das Leiden des einzelnen Tieres vor Augen. Hier betont er, mit Hilfe auch von Psychiatern und Psychologen, die Gemeinsamkeiten von Mensch und Tier. Mögen die Bedürfnisse von Tieren und Menschen noch so sehr variieren, so muß man doch schon sehr borniert sein, um Gefangenschaft nicht Gefahrenschaft nennen und die Folgen von Isolation, Entwurzelung und totaler Beschäftigungslosigkeit betont unterschiedlich sehen zu wollen.»

Sina Walden

Der Autor Emilio Sanna, geboren 1928 in der norditalienischen Gemeinde Lendinara (Provinz Rovigo), Dr. phil., studierte an der Universität Padua moderne Geschichte.

1955 begann er seine Tätigkeit als Redakteur des «Telegiornale» (einer Nachrichtensendung der RAI) in Mailand, ab 1964 war er für das Kultur- und Erziehungsprogramm des nationalen staatlichen Fernsehens in Italien (RAI Uno) als Chefredakteur zuständig. 1984 moderierte Sanna das monatliche Magazin «America».

Zu seinen bekanntesten Filmbeiträgen im Fernsehen zählen: «Dentro il carcere» (1969), «Il lato animale» (1970), «Rapimento in Barbagia» (1971), «Maschio e femmina» (1978), «Casi clinici» (1983 bis 1986).

Neben seiner Tätigkeit als Fernsehjournalist war und ist Sanna auch schriftstellerisch aktiv, insbesondere im Bereich der Zeitgeschichte. Seine wichtigsten Veröffentlichungen: «L'uomo questo animale» (1967), «Inchiesta sulle carceri» (1969), «Nostro padre l'esercito» (1973), «Erbe amiche» (1976).

Die Übersetzerin Sina Walden lebt nach einem abgeschlossenen Jurastudium und verschiedenen Studiengängen in Literatur und Kunst als freie Fernsehautorin in München. In den letzten Jahren wandte sie sich überwiegend dem Themenbereich Tier und Mensch zu. Zahlreiche Artikel, Vorträge, Dikussionsbeiträge und Basisarbeit in Bürgerinitiativen für Tierschutz und Tierrechte. Buch: «Endzeit für Tiere», Rowohlt 1983, gemeinsam mit Gisela Bulla.

Emilio Sanna

Verrückt hinter Gittern

Von den Leiden der Zootiere

Aus dem Italienischen
von Sina Walden

rororo
Rowohlt

Die italienische Originalausgabe erschien unter dem Titel: LO ZOO FOLLE

Veröffentlicht im Rowohlt Taschenbuch Verlag GmbH,
Reinbek bei Hamburg, März 1992
Die deutsche Erstausgabe erschien 1987 im Wilhelm Heyne Verlag, München

Umschlaggestaltung: Britta Lembke (Foto: Stauffer Enterprises/FOCUS)
Fotos im Text: Silke Ruthenberg
Satz Century Schoolbook (Linotronic 500)
Gesamtherstellung: Clausen & Bosse, Leck
Printed in Germany
980-ISBN 3 499 19163 6

Inhalt

Vorwort

Unwissenheit und Überheblichkeit kennzeichnen das Verhältnis des Menschen zum Tier. Die ungeheuren Leiden, die wir Tieren zufügen, sind so sehr Teil unseres Selbstverständnisses, daß sie kaum wahrgenommen werden. Allenfalls physische Brutalität erregt – meist flüchtige – Aufmerksamkeit, besonders wenn sie im Ausland auftritt. In den vertrauten Formen des eigenen Kulturkreises wird sie geduldet, beschönigt, wegdiskutiert, verdrängt oder gerechtfertigt. Die Skala reicht vom behördlich verordneten Vergiften von Ratten bis zur Gesellschaftsjagd, vom millionenfachen «wissenschaftlichen» Tierversuch – das heißt dem vorsätzlichen Zufügen von Schmerzen, Leiden und Schäden und beliebig begründeten Töten – bis zum lebenslänglichen Freiheitsentzug am Wellensittich im Wohnzimmerkäfig.

Von den psychischen Leiden der Tiere ist fast nie die Rede. Gegen ihre Wahrnehmung schützt den Menschen seine selbstgefertigte Annahme, Tiere hätten gar keine Psyche.

Leider ist es nun nicht so, daß «die Wissenschaft» das allgemeine Unwissen zunehmend abbaut. Im Gegenteil – die oft unglaublichen (und unglaubwürdigen) Methoden der Tierforschung sind geeignet, Verwirrung zu stiften. Zweifellos ist eine Menge Wissen über einzelne Fakten angehäuft worden, aber ebenso zweifellos werden Vorgehensweisen und Schlußfolgerungen eines jeden Wissenschaftlers von seinem Vorverständnis geprägt. So gilt der modernen Abart der «objektiven Ethologie» jede «Vermenschlichung» des Tieres als Todsünde, während der Tierpsychologe – wie etwa der in diesem Buch erwähnte Heini Hediger – sich über die Grausamkeit und Fehlerhaftigkeit einer Forschung entsetzt, die Tiere zu wesenlosen Objekten macht.

Auch Hediger warnt vor «Vermenschlichung», aber in einem anderen Sinn, nämlich in der Abwehr der Versuche, Tieren spezifisch menschliche Eigenschaften anzudichten, etwa das Vermögen, sich in einer Menschensprache auszudrücken oder unsere Moralbegriffe zu erfüllen. Keineswegs kann aber das Wort mißbraucht werden, um Tieren ein Gefühlsleben abzusprechen, das augenscheinlich Parallelen zu dem des Menschen hat.

Tiere sind anders als Menschen und reagieren auch vielfach anders. Überhaupt ist es fast unzulässig, von Tieren im allgemeinen zu sprechen, da es weit über eine Million verschiedener Tierarten mit arteigenen Bedürfnissen gibt. Dennoch gibt es gerade in elementaren Bereichen Gemeinsamkeiten, mag man sie nun als gemeinsames Erbe, als Analogien oder strukturelle Ähnlichkeiten einstufen. Eine Wissenschaft, die vor lauter erkenntnistheoretischen Skrupeln – daß man nämlich das Wesen einer anderen Art grundsätzlich nicht verstehen könne – dahin gelangt, einem schweifwedelnd an seinem Herrchen hochspringenden Hund die Freude, einem eingesperrten Gorilla die Verzweiflung abzusprechen, wird uns niemals überzeugen.

Die Arroganz eines seelenlosen Wissenschaftsbegriffs steht der vielgeschmähten Ignoranz einer unwissenden Tierliebe nicht nach. Viele Formen der Haustierhaltung, des Sports, der Fürsorge werden den Tieren zum Unglück. Wenn in diesen Fällen aber der gute Wille und die persönliche Zuneigung zu einem individuellen Lebewesen noch als mildernder Umstand gelten kann, so gibt es für die Vergewaltigung von Wildtieren zum Zweck, eine angebliche Tierliebe oder ein angebliches Interesse des «Publikums» zu befriedigen, keine Entschuldigung.

Dieses Buch handelt von einer der abenteuerlichsten Verirrungen des menschlichen Geistes im Umgang mit Tieren: vom Zoologischen Garten. Es geht nicht um miserable, dilettantisch geführte Zoos in fremden Ländern oder um einzelne Mißstände bei uns. Es geht – und das, soweit ich sehe, erstmals im deutschen Sprachraum – um einen Generalangriff auf das Prinzip Zoo überhaupt. Diese Institution, die die «geliebten» Wesen in lebenslänglicher Gefangenschaft vorführt und die die Zerstörung ihrer natürlichen Lebensumstände, ihrer Familien und Gemeinschaften, die Tötung von Angehörigen und Stammesgenossen zur Voraussetzung hat, gilt noch immer als hohes Kulturgut zivilisierter Nationen. Sie wird reich dotiert, als Stätte von Bildung und Vergnügen angesehen und grundsätzlich nicht in Frage gestellt.

Es ist höchste Zeit, sie in Frage zu stellen. Einige der europäischen Zoos bestehen schon seit über hundert Jahren – hundert Jahre Tierelend unter dem Deckmantel hehrer Ziele. Besonders beliebt ist der Vorwand, Kindern Tierliebe und biologische Kenntnisse beizubringen. Kein Ort könnte dafür falscher sein. Ausgestopfte Modelle oder künstliche Nachbildungen würden den Zweck, die äußeren Formen von Giraffen oder Elefanten kennenzulernen, ebenso erfüllen – mit dem Vorteil, lebendigen Wesen jahrzehntelange Leiden zu ersparen und in den Menschen keine falschen Vorstellungen von wirklichen Tieren zu wecken. Denn im Zoo lernen die Kinder und die ebenso naiven Erwachsenen nur Karikaturen tierlicher Existenz kennen.

Emilio Sanna holt weit aus, um die Untragbarkeit der Einrichtung Zoo – in all ihren Spielarten – zu belegen. Sein Ausgangspunkt ist die Einsicht, daß ein Wildtier nur in seinem natürlichen Lebensraum zu verstehen ist und nur dort seine Identität findet. Insoweit kann er sich auf Erkenntnisse der

Verhaltensforschung stützen. Er hat aber, anders als der bloße Arten- oder Naturschützer, vor allem das Leiden des einzelnen Tieres, des Individuums, vor Augen. Hier betont er, mit Hilfe auch von Psychiatern und Psychologen, die Gemeinsamkeiten von Mensch und Tier. Mögen die Bedürfnisse von Tieren und Menschen noch so sehr variieren, so muß man doch schon sehr borniert sein, um Gefangenschaft nicht Gefangenschaft nennen und die Folgen von Isolation, Entwurzelung und totaler Beschäftigungslosigkeit betont unterschiedlich sehen zu wollen.

Das Buch und der Fernsehfilm «Lo zoo folle» von Emilio Sanna und Riccardo Fellini haben in Italien ein Umdenken über die Institution Zoo in Gang gesetzt. Anders als in Deutschland bildete sich eine breite Front von Zoogegnern. Intellektuelle äußerten in den Feuilletons der großen Zeitungen ihren moralischen Abscheu. Zoologen wie der römische Professor Carlo Consiglio untermauerten mit Fachwissen eine Kampagne zur Abschaffung der Zoos, die von den Grünen ebenso getragen wird wie von Publikumszeitschriften und populären Stars wie Franco Zeffirelli, Claudia Cardinale und Adriano Celentano. Sophia Loren wird mit dem Satz zitiert: «Schließt diese Irrenhäuser, die ihr Zoos nennt!»

Und während hierzulande noch die Zoodirektoren ihr gläubiges Publikum (samt Presse) mit dem pseudowissenschaftlichen Märchen von der Artenerhaltung durch Gefangenschaftszucht vor Einsichten abzuhalten verstehen, wird in Italien schon Ernst gemacht: Die Zoos von Turin und Mailand sind bereits geschlossen, ebenso viele kleinere in Provinzstädten. Natürlich gibt es auch dort die üblichen Widerstände, aber in der aufgeklärten Öffentlichkeit wird allgemein anerkannt, daß die Abschaffung des Zoos ein großer humanitärer Schritt ist. Ein Schritt im Sinn der neuen Tierrechtsbewegung, deren Ziel es ist, die Tyrannei des Menschen über das Tier zu beenden.

Sina Walden

Zahlenangaben und Preise (besonders in den Kapiteln 5 und 6) wurden nach der Erstausgabe des Originals (1976) übersetzt; sie entsprechen nicht mehr exakt den heutigen und können nur als Anhaltspunkte dienen.

1
Ist Pippo verrückt?

Mit dem Regisseur Riccardo Fellini, Bruder des berühmten Federico, drehte ich im Zoo von Rom eine Szene für eine Fernsehdokumentation über den Wahnsinn der Tiere in Gefangenschaft. Fellini hatte das Objektiv seiner Kamera für einige Augenblicke auf Pippo gerichtet, einen Schimpansen, der seit fünfzehn Jahren «Gast» im Zoo war.

Pippo war einer der großen Publikumslieblinge. Seit er im Alter von einigen Monaten aus Afrika dorthin gebracht wurde, schien er sich an die Rolle, die der Mensch ihm hinter seinen Gittern zugewiesen hatte, gewöhnt zu haben. Er war fast immer guter Laune und stellte sich gern den Einfällen der Besucher zur Verfügung. Er rauchte, machte Luftsprünge, ging auf den Händen und schloß mit dem Schlüssel seine Käfigtür auf und zu. Der Applaus seiner Bewunderer machte ihn nicht einmal stolz: Er schien sich bewußt zu sein, daß es seine Aufgabe ist, sie zu amüsieren.

An jenem Morgen zeigte sich Pippo sehr freundlich zu Fellini. Er gab ihm die Hand und begrüßte ihn herzlich. Danach führte er gehorsam vor der Kamera seine tägliche Nummer vor. Nach Ende der Aufnahme drehte Fellini das Objektiv zum Publikum. Er stand hinter dem Apparat, um dem Kameramann Anweisungen zu geben, und befand sich somit ganz nahe an den Gitterstäben von Pippos Käfig. Der hatte sich auf die erhöhte Plattform im Hintergrund zurückgezogen und schien sich für seine Umgebung nicht mehr zu interessieren. Aber plötzlich sprang Pippo mit einem Riesensatz nach vorn, klammerte sich ans Gitter, streckte einen Arm hindurch, packte Fellinis linke Hand und zerrte sie an seine Zähne. Der Regisseur, halb amüsiert, halb ärgerlich, befahl: «Pippo, laß meine Hand in Ruhe!» Aber schon hatte der Schimpanse zugebissen. «Ziehen Sie Ihre Hand weg, Signor Fellini», schrie Nando, der Wärter. «Ziehen Sie, sonst reißt er Ihnen die Hand ab!» Fellini zog mit aller Kraft. Zu spät – das erste Glied seines Zeigefingers blieb zwischen Pippos Zähnen zurück.

In der Notaufnahme des nächsten Krankenhauses konnte der diensthabende Arzt nur noch die Verstümmelung feststellen. Das Unglück war irreparabel. Fellini zeigte sich überrascht, ja bestürzt über Pippos Verhalten. Warum nur hatte er ihn angegriffen, obwohl sie doch noch wenige Minuten vorher die freundschaftlichsten Beziehungen hegten? «Vielleicht war es Eifersucht», meinte der Wärter. Vielleicht habe Pippo sich plötzlich vernachlässigt gefühlt und deshalb mit Wut reagiert. Professor Ermanno Bronzini, Direktor des römischen Zoos, vermutete: «Als der Schimpanse im Heranwachsen war, mußte er seinen Wärter wechseln. Das hat vielleicht eine unheilvolle Auswirkung auf seinen Charakter gehabt. Oder vielleicht wollte er nur einfach spielen, ohne sich klar zu sein, daß sein Spiel gefährlich werden konnte.» Vielleicht. Wer weiß, was sich in diesem Augenblick in Pippos Kopf abspielte?

Inzwischen hatte er sich in eine Ecke des Käfigs zurückgezogen. Er schien voller Reue zu sein. Als Fellini mit dem verbundenen Finger in den Zoo zurückkam, streckte ihm Pippo die Hand hin, als wollte er um Verzeihung bitten.

Wir waren in den Zoo gegangen, um Zeugnisse für Wahnsinn bei Tieren zu sammeln, und in einem Moment, in dem wir am wenigsten darauf gefaßt waren, ist er uns in dramatischer Weise begegnet. Pippos Tat war ein schlagendes Beispiel für abnormes Verhalten, ein akuter Anfall von Irrsinn. Zum

Glück für die Besucher tritt der Wahnsinn der Zootiere selten auf so spektakuläre Weise in Erscheinung. Gewöhnlich manifestieren sich die Symptome weitaus weniger deutlich und entgehen der Aufmerksamkeit des Publikums.

Wenn man in den Zoo geht, glaubt man im allgemeinen, Tiere in ihrem natürlichen Zustand zu sehen. In Wirklichkeit sieht man dort Wesen ganz anderer Art. In Wirklichkeit sieht man dort *Verrückte*. Die Leute halten es für normal, daß der Gepard den ganzen Tag schlafend zubringt oder daß der Hyänenhund rastlos auf und ab rennt oder daß der Eisbär ohne Unterlaß seinen Kopf hin und her wiegt. Die Leute wissen nicht, daß genau das die Symptome des Wahnsinns sind. Die Leute wissen auch nicht, daß es gerade die Erscheinungen des Wahnsinns sind, durch die sie sich besonders angezogen fühlen. Der Gorilla, der seine Exkremente frißt, der Löwe, der seinen Urinstrahl auf die Zuschauer richtet, der Orang-Utan, der die Besucher anspuckt, der Braunbär, der tanzend um Geld bettelt – das ist komisch, das ruft Gelächter hervor. Die Leute sind sich nicht bewußt, daß sie sich über arme Irre amüsieren. Der Zoo ist für die modernen Massen das, was vor noch nicht langer Zeit öffentliche Hinrichtungen oder Visiten im Irrenhaus waren.

Es ist inzwischen bewiesen, daß die Wildtiere psychisch sehr schwer erkranken können, ähnlich dem Menschen. Bei Haustieren hat man dies schon vor langer Zeit festgestellt. Die Lehrbücher der Veterinäre wimmeln von Beispielen für Verhaltensstörungen: Konvulsionen beim Hund, Weben beim Pferd, Scheinschwangerschaft bei der Hündin, Nymphomanie bei der Katze, hysterische Syndrome bei Hühnern, kollektive Epilepsie bei Rindern. Bekannt ist vor allem die lange Reihe der psychosomatischen Krankheiten bei Hunden und Katzen, also den Tieren, die in engstem Kontakt mit dem Menschen leben. Denn es ist genau dieser Kontakt, der die ganze Psychopathologie der Tiere erzeugt. «Es gibt nicht den geringsten Zweifel, daß der Hauptgrund immer der Mensch ist», sagte mir Danilo Mainardi, Zoologieprofessor an der Universität von Parma und Präsident des Internationalen Ethologischen Komitees. «Andere Gründe mögen hinzukommen, aber auch die sind auf den Menschen zurückzuführen.»

Heute scheint sich der Mensch nicht mehr damit zu begnügen, sich der «klassischen» Haustiere anzunehmen. Die Begeisterung für Wildtiere breitet sich wie eine Epidemie aus. Die Zoos registrieren einen wachsenden Besucherstrom, Schloßbesitzer bevölkern ihre Parks mit Wildtieren, in den Städten gehört es schon fast zum guten Ton, exotische Tiere in der Wohnung aufzuziehen. Die Snobs von Paris, Rom, New York halten in ihren Appartements Jaguare, Panther, Löwen, Affen und Pythonschlangen. Die jährlichen Importe afrikanischer und asiatischer Tiere in die Vereinigten Staaten und nach Europa gehen in die Millionen.

Worauf ist diese Sucht zurückzuführen? Auf die ökologische Welle? Auf die Illusion, so den Kontakt mit der Natur wiederherzustellen? Die einleuchtendste Antwort gab mir ein in Kenia ansässiger englischer Ökologe, Dr. Murray Watson: «Wir Menschen brauchen die Wildtiere», sagte er mir, «weil sie uns daran hindern sollen, verrückt zu werden. Ich will das erklären: Wir leben in Großstädten, zusammengepfercht in Betonkästen, weit entfernt von unserer vorgeschichtlichen Umgebung. Wir fangen die Wildtiere in der Hoffnung, daß sie uns zur Natur zurückführen, wenigstens ein bißchen, um unser Gleichgewicht wiederzufinden. Und was tun wir? Wir machen *sie* verrückt. Wie geht das zu? Das ist ganz einfach. Es ist eine bekannte Tatsache aus der Psychotherapie, daß ein Wahnsinniger durch Umgang mit einem normalen Individuum etwas weniger wahnsinnig wird. So geht es dem Menschen mit den Wildtieren. Aber die Psychotherapie lehrt auch, daß das normale Individuum im Umgang mit einem Wahnsinnigen weniger normal wird. So geht es den Wildtieren mit dem Menschen. Der Kontakt mit dem verrückten Menschen macht sie selbst verrückt.»

2

Die Seele des Tieres

Darf man überhaupt den Begriff Wahnsinn auf Tiere anwenden? Oder ist das nur eine unerlaubte Übertragung eines menschlichen Phänomens? Gibt es dafür eine wissenschaftliche Grundlage? Diese Fragen sind noch umstritten. Einige Wissenschaftler meinen, der Unterschied zwischen Mensch und Tier sei so groß, daß man ihr Verhalten nicht vergleichen könne. Aber die Beobachtungen und Forschungen der letzten Jahre über die Psychopathologie der Tiere haben sich derartig entwickelt und eine solche Fülle von Fakten und Daten angehäuft, daß auch die zähesten Verteidiger dieser Auffassung umdenken müssen. Man kann nicht die Schlußfolgerungen zurückweisen, die sich aus diesem Material zwingend ergeben.

Um die Überlegungen zu vertiefen, muß zuerst eine grundlegende Frage geklärt werden: Haben die Tiere eine eigene psychologische Struktur, ein Ich, das eine psychische Einheit darstellt, einfacher gesagt, eine *Seele*? Das ist eine Fragestellung, die in nichtwestlichen Kulturen gar nicht existiert. Unsere Kultur hingegen, die in der griechisch-römischen und in der christlichen Tradition wurzelt, hat sie immer negativ beantwortet. Die Vorstellung, daß das Tier ein minderwertiges, stumpfes, nicht einmal zum Leiden fähiges Wesen sei, hat sich bis in unsere Tage erhalten. Sie hat noch immer ihre Vertreter, zumal sie den Vorteil hat, sehr bequem zu sein. Die wenigen Stimmen, die sich in der Vergangenheit dagegen erhoben haben, wurden kaum gehört.

In der Antike standen die Tiere bei den Philosophen der Schule von Alexandria in hohem Ansehen. So stellt zum Beispiel Porphyr, ein Schüler Plotins, fest, daß die Tiere eine eigene Sprache haben: «In welcher Art man auch spricht, ob wie die Griechen oder wie die Hunde oder wie die Rinder, es ist die Vernunft, die sich Ausdruck verschafft, und mit ihr sind auch die Tiere begabt... Man kann den Tieren nicht die Vernunft absprechen, denn es ist die Natur selbst, die ihnen diese Eigenschaft gegeben hat. Wenn wir nicht verstehen, wie sie funktioniert, so deshalb, weil wir nicht in ihre Gedanken eindringen können. Aber das ist kein Grund, ihre Intelligenz in Frage zu stellen. Wir können auch nicht in die Gedanken Gottes eindringen.» Und Aristoteles erklärt: «Die Vernunft der Tiere unterscheidet sich von der unseren nicht der Natur nach, sondern nur durch ein Mehr oder Weniger.»

Es fehlt nicht an historischen Zeugnissen zugunsten der Tiere. Aber insgesamt ist die abendländische Kultur stark beeinflußt von dem Gedanken Descartes'. Für ihn sind «die Tiere nur Maschinen, die nicht denken und nicht fühlen, eine Art Uhrwerk, das von unsichtbaren Gewichten bewegt wird. Die Tiere haben keine Psyche, sondern nur eine Physis, die mechanisch funktioniert.» Erst seit dem 19. Jahrhundert, mit der forcierten Entwicklung wissenschaftlicher Forschung und Erkenntnis, beginnen Philosophen und Naturwissenschaftler das Tier in einem anderen Licht zu sehen. So schreibt Henri Milne Edwards: «Die Wissenschaft zeigt zwischen dem Wirken der Intelligenz bei Menschen und bei bestimmten Tieren keine Unterschiede auf, die radikal genug wären, um die Behauptung zu erlauben, daß die Seele der letzteren von anderer Natur wäre als die menschliche Seele.»

Jules Michelet nimmt nachdrücklich zugunsten der Tiere Stellung, indem er folgende Worte an die Menschen richtet: «Entledigt euch des Hochmuts und seht ein, daß unser Mitgefühl für die Tiere niemals einen wahrhaft edlen Geist beschämen kann. Wer sind sie? Sie sind eure Brüder.» Der große Zoologe Alfred Brehm schrieb: «Noch heute sind diejenigen nicht selten, die den Tieren die Fähigkeit zu fühlen absprechen und die – ohne jedes Fundament – behaupten, daß alle Tiere für den Menschen geschaffen sind. Diese Überzeugungen beruhen nicht auf Beobachtung und Studium, sondern verdanken ihre Verbreitung der Furcht, daß das ganze Gebäude des menschlichen Hochmuts zusammenbricht, wenn man den Tieren irgend etwas Menschliches zugesteht und dem Menschen etwas von seiner Halbgöttlichkeit abzieht... Das Säugetier besitzt Gedächtnis, Verstand und Gemüt. Es zeigt Unterscheidungsvermögen, Zeit-, Ort-, Farben- und Tonsinn, Erkenntnis, Wahrnehmungsgabe, Urteil, Schlußfähigkeit; es bewahrt sich gemachte Erfahrungen auf und benutzt sie; es erkennt Gefahren und denkt über die Mittel nach, um sie zu vermeiden; es beweist Neigung und Abneigung, Liebe gegen Gatten und Kind, Freunde und Wohltäter, Haß gegen Feinde und Widersacher, Dankbarkeit, Treue, Achtung und Mißachtung, Freude und Schmerz, Zorn und Sanftmut, List und Klugheit, Ehrlichkeit und Verschlagenheit. Das kluge Tier rechnet, bedenkt, erwägt, ehe es handelt, das gefühlvolle setzt mit Bewußtsein Freiheit und Leben ein, um seinem inneren Drange zu genügen. Das Tier hat von Geselligkeit sehr hohe Begriffe und opfert sich zum Wohle der Gesamtheit. Es erinnert sich der Vergangenheit jahrelang und gedenkt sogar der Zukunft, sammelt und spart für sie.»

Am Ende des 19. Jahrhunderts neigt die Mehrheit der Wissenschaftler dazu, die psychische Struktur der Tiere der psychischen Struktur des Menschen immer mehr anzunähern. Im 20. Jahrhundert häufen sich schließlich immer zahlreichere und zwingendere Beweise. Der Unterschied zwischen Mensch und Tier schwindet dahin. Das Bewußtsein verbreitet sich, daß zwischen uns und den Tieren ein untrennbares Band besteht. «Die Anerkennung der Tierseele ist die Bedingung für die Einheit des Individuums und für die Fülle seiner Entfaltung», schreibt C. G. Jung. Mensch und Tier haben den gleichen Ursprung und das gleiche Schicksal. Der Mensch kann das Tier nicht aufgeben, ohne sich selbst unheilbar zu verstümmeln. «Die Tiere sind unsere Ahnen, unser Unbewußtes. Sie ablehnen heißt sich selbst ablehnen», so drückt Frédéric Rossif seine Einsicht aus.

Diese Gedanken haben heute in der westlichen Kultur Wurzeln geschlagen, sie werden von vielen Philosophen und Zoologen, von Psychologen und Dichtern geteilt. Aber sie sind noch nicht ins allgemeine Bewußtsein gedrungen. Die Vorurteile, von denen Brehm spricht, haben ein zähes Leben. Die Leiden, die Tieren oft grundlos zugefügt, die Massaker, die jeden Tag im Zeichen der Jagd und des Konsums verübt werden, das alles zeigt deutlich, daß das Tier noch immer als minderwertiges Wesen betrachtet wird, dem man nicht nur alle Rechte vorenthält, sondern dem man sogar die Fähigkeit, Freude und Schmerz zu empfinden, abspricht.

Und wo stehen heute die wissenschaftlichen Meinungen zur Psychologie der Tiere? Für den reinen Naturwissenschaftler stellt sich die Frage nicht, da er keinen Unterschied zwischen «Bios» und «Psyche», zwischen Physiologie und Psychologie, zwischen den Vorgängen des Lebens und des Denkens macht: «Für uns ist es logischer», sagt Prof. Mainardi, «vom Verhalten der Tiere zu sprechen als von Psychologie. Denn wenn wir untersuchen, was ein Wesen einer anderen Gattung tut, das wir nur von außen sehen, können wir in Wahrheit nur eine Beschreibung seines Verhaltens geben. Die erste Annäherung besteht im Beschreiben, dann können wir uns, in einer zweiten Phase, fragen, warum es sich so oder so verhält. Und wenn ein Forscher sich diese Frage stellt, dann muß er sie aus der Umgebung heraus stellen, an die das Tier angepaßt ist. Dann erweist sich das jeweilige Verhalten als Endausdruck einer ganzen Folge von Anpassungen. Das Tier handelt nicht einfach irgendwie, es ist immer auch in einer bestimmten Weise strukturiert, da die Merkmale, die sein Tun und Sein charakterisieren, auf sein Überleben ausgerichtet sind. Das Verhalten eines Tieres kann man als einen Ausdruck seines Wesens definieren, das es seiner besonderen Evolutionsgeschichte verdankt. Natürlich hat jede Spezies ihre eigenen Verhaltensmuster, aber jede ist in der Lage, Erfahrungen zu nutzen. Das gilt für alle. Sogar die Einzeller sind in der Lage, ihr Verhalten teilweise ihrer Erfahrung entsprechend abzuändern. Das heißt, bei jedem Tier gibt es einen Teil des Verhaltensinstrumentariums, das variabel ist und ihm gewisse Modifikationen bei vorübergehenden Anlässen erlaubt. Dieser Teil ist es, den wir in einem weiten Sinn Lernfähigkeit nennen können. Das heißt, das Tier macht seine Erfahrungen und braucht dann, seiner jeweiligen Art gemäß, mehr oder weniger Zeit, mehr oder weniger Übung, um zu verstehen, wie es sein Verhalten modifizieren muß. Aber alle Tiere können das. Besser oder schlechter, alle können es. Für den Naturwissenschaftler gibt es keinen substantiellen Unterschied zwischen Mensch und Tier. Der Mensch ist lediglich dasjenige Tier, das mehr oder besser verstanden hat, sich an seine Umgebung anzupassen.»

Für die Meinung der Psychiatrie zu dieser Frage sei hier stellvertretend Henry Ey zitiert, der die Psychiatrische Klinik von Bonneval in Frankreich leitet: «Da das Tier – genau wie der Mensch, nur auf einem weniger komplexen Niveau – über eine innere Organisation verfügt, über ein Bewußtsein, wo sich seine Beziehungen zur Umwelt strukturieren, ist es eben diese Struktur, die den Begriff Tierpsychologie zuläßt. Es ist diese strukturelle Organisation, die die Aufgabe hat, die dialektischen Beziehungen zwischen dem Organismus und seiner Umgebung zu gestalten und Probleme zu lösen. Mit anderen Worten: Vom Seelenleben der Tiere kann man insoweit sprechen, als es weder ausschließlich dem Instinkt noch ausschließlich dem Gelernten folgt. Das heißt, daß es über ein gewisses Bewußtsein verfügt, das – in seinem Inneren und im Umgang mit der Außenwelt – die Beziehungen zwischen seinen Instinkten und seiner Intelligenz regelt.»

Trotz feiner Unterschiede in der Betonung kommen also Naturwissenschaftler und Psychiater zu dem gleichen Ergebnis: das Tier *hat* ein Bewußtsein. Aber kann sich dieses Bewußtsein auflösen, verschlechtern, kann es krank werden wie beim Menschen? Anders gesagt: Kann das Tier verrückt werden? Darauf antwortet Henry Ey mit einem seiner Meinung nach entscheidenden Argument:

«Ich habe oft gesagt, wer träumt, *kann* verrückt werden. Und in der Tat glaube ich, daß die Fähigkeit des Tieres zu schlafen und zu träumen – eine Fähigkeit, die heute objektiv nachprüfbar ist – in sein Inneres schon die Möglichkeit psychopathologischer Anomalien einschreibt.»

«Man wird uns entgegenhalten», bemerkt Dr. Georges Lanteri-Laura vom Psychiatrischen Zentrum Sainte-Anne in Paris, «daß die Krankheiten, mit denen sich die Psychiatrie befaßt, und ihre Entstehungsgeschichte, besonders bei den Manien, den Depressionen oder den chronischen Delirien, nur im Gespräch mit dem Patienten und durch Erkundung seines Seelenzustands zu erforschen sind. Da die Tiere dieser Art der Befragung nicht zugänglich sind, wäre die Tierpsychiatrie nichts als eine eingebildete Schimäre. Man könne sich nichts Lächerlicheres und Willkürlicheres vorstellen als die Annahme eines Verfolgungswahns bei einem Hund, einer Persönlichkeitsspaltung bei einer Katze oder eine Leidenschaftspsychose des erotomanischen Typs beim Elefanten. Wenn man bei diesem Einwand stehenbliebe, könnte man logischerweise zu dem Schluß kommen, daß ein Stummer nicht geisteskrank werden kann. Da man aber den menschlichen Wahnsinn anhand von Anomalien des Benehmens beschreibt, ist es legitim, das auch bei Tieren zu tun. Das Problem besteht demnach darin», fährt Georges Lanteri-Laura fort, «herauszufinden, ob im Verhalten der Tiere Anomalien auftreten, das heißt Äußerungsformen, die von ihren gewöhnlichen abweichen. Wenn die Zoologen die mehr oder weniger typischen Verhaltensweisen jeder Gattung beschreiben können, bitten wir sie, uns die Fälle zu zeigen, wo einzelne Tiere von diesen Normen abweichen. Wir können so gemeinsam eine Fallsammlung zusammenstellen und feststellen, wo Tiere offenbar die Gewohnheiten ihrer Art durchbrechen. Von diesen Daten ausgehend können wir versuchen, die Bedeutung der jeweiligen Abweichungen zu verstehen. Das ist nicht nur die korrekteste wissenschaftliche Methode, das ist das Fundament der Tierpsychiatrie schlechthin.»

Für Henry Ey liegt der Gegenstand der Tierpsychiatrie darin, daß das Tier die Möglichkeit hat, «sich infolge einer Störung seiner seelischen Struktur nicht mehr nach dem Geist und Gesetz seiner Art zu richten und der Wirkung einer individuellen Desorganisation zu erliegen.»

Die Erforschung des Wahnsinns bei Tieren muß daher ihren Ausgang bei Verhaltensanomalien nehmen. Danilo Mainardi führt allerdings noch eine Unterscheidung zwischen Wahnsinn und Verhaltensstörung ein. Er bemerkt, daß ein anormales Verhalten vielleicht nur die normale Reaktion auf ein abnormes Milieu ist. «Nehmen wir ein Beispiel», sagt er, «wenn wir einen Bären oder Löwen oder Elefanten in einen Käfig sperren, können sie bestimmte stereotype Bewegungen annehmen, um in der Gefangenschaft zu überleben. Sie leiten so einen Großteil ihrer Energie ab, auch wenn das äußerst peinvoll wirkt. Es ist ein gewissermaßen notwendiges Verhalten, das ihnen hilft, eine absolut anormale Situation zu ertragen. Daher betrachten wir dieses Verhalten nur dann als wirklich pathologisch, wenn wir nach Freilassung des Tieres sehen, daß es darauf fixiert bleibt und unfähig ist, in seinen ursprünglichen Zustand zurückzufinden. Wenn es wieder normal wird, können wir sagen, daß das abnormale Verhalten ihm dazu diente, sein Überleben zu ermöglichen. Ein Tier ist erst dann eindeutig wahnsinnig, wenn es – in Freiheit gesetzt – die in der Gefangenschaft angenommenen Absonderlichkeiten beibehält.»

Demnach wäre der Wahnsinn des Tieres nur im nachhinein feststellbar. Aber wenn es nie mehr in die Freiheit gelangt, können wir sein lebenslängliches abnormes Verhalten anders definieren? Nach D. O. Hebb gibt es eine Reihe von Kriterien, bei deren Auftreten man ein Tier als neurotisch bezeichnen muß: «Die Neurose ist ein unerfreulicher Gemütszustand, der allgemein und anhaltend wird und keine Nervenverletzung zur Ursache hat. Eine merkliche Veränderung gegenüber dem ursprünglichen Verhalten und einige ätiologische Faktoren wie eine traumatisierende Erfahrung, eine Frustration oder ein Konflikt bilden zusammen das Syndrom.»

Auf diesen theoretischen Grundlagen wollen wir den Wahnsinn bei Tieren untersuchen.

3
Das Phantombild des Tieres

Seit Jahrtausenden sind die Tiere Weggefährten des Menschen. Sie sind kostbare Zeugen unserer eigenen Entwicklungsgeschichte und des bewunderungswürdigen Reichtums an Lebensformen, die unseren Planeten beseelen. Trotzdem ist das Wildtier bis in die jüngsten Jahrzehnte dem Menschen unbekannt geblieben. Es ist symptomatisch, daß er erst jetzt beginnt, die wahre Natur der Tiere kennenzulernen, wo er dabei ist, ihre Vernichtung der Endlösung zuzutreiben. Erst jetzt werden wir uns darüber klar, daß unsere ungeheuerliche Verfolgung der Tiere die Frucht unserer Blindheit und einer kolossalen Ignoranz ist und daß sie zu einem nicht wiedergutzumachenden Verlust zu führen droht.

Wir verdanken unsere heutigen Kenntnisse den Verhaltensforschern, den Ethologen. Es scheint nötig, auf der Grundlage dieses Wissens für unsere Untersuchungen zunächst eine Art «Phantombild» des Wildtiers zu zeichnen.

Konrad Lorenz und Niko Tinbergen waren die ersten, die begriffen haben, daß man die Tiere in ihrer natürlichen Umgebung studieren muß, um ihr Verhalten wirklich zu verstehen, daß man mit ihnen zusammenleben, gewissermaßen eines von ihnen werden muß. Lorenz hat fast sein ganzes Leben der Beobachtung von Wildgänsen gewidmet. Er hat uns davon einfühlsame Beschreibungen gegeben, voll faszinierender Entdeckungen, die von großem wissenschaftlichem Wert sind. Die Studien Tinbergens über die Möwen, die auch Hauptdarsteller eines wunderbaren Fernsehdokumentarfilms waren, sind nicht minder aufregend.

Diese Beobachtungen haben zu der Feststellung geführt, daß jedes Tier eine eigene Persönlichkeit hat und sehr komplexe Beziehungen zu seiner Umwelt, zu seinen Artgenossen und zu anderen Tieren unterhält.

Im Lauf der Jahre haben sich Dutzende von Ethologen auf den Weg begeben, den Lorenz eröffnet hat. Mit unendlicher Geduld, in unzugänglichen Gebieten vielen Gefahren ausgesetzt, haben sie jahrelang das Verhalten von Wildtieren in ihrer natürlichen Umgebung beobachtet. Georges Schaller, der über ein Jahr unter Gorillas im Kongo und in Uganda verbracht hat, studiert seit Jahren das Verhalten der Tiger in Indien und Pakistan. Hans Klingel und seine Frau haben sieben Jahre unter Zebras in Afrika gelebt. John Hurrel Crook hat sich für viele Monate in das unerforschte Hochland Äthiopiens gewagt, um eine bestimmte Art von Pavianen kennenzulernen. Die inzwischen weltberühmte Forscherin Jane Goodall lebt seit Jahrzehnten mit den inzwischen ebenso berühmten Schimpansen von Gombe in Tansania. Zwei Jahre erkundete sie außerdem gemeinsam mit ihrem Mann in Kenia die Gewohnheiten von Schakalen, Hyänen und Hyänenhunden. Oria Douglas Hamilton, der sein Leben dem Studium der Elefanten in Kenia gewidmet hat, sagt: «Ich hatte mir vorher nie klargemacht, welchen Grad an Komplexität das Gesellschaftsleben der Tiere erreicht und wie vielgestaltig die Beziehungen der Tiere untereinander sind.»

Die Arbeitsmethoden, die von den Pionieren der Ethologie in der Natur angewandt wurden, haben auch ins Labor Einzug gehalten. So fragwürdig dieser Zweig der Forschung ist, können wir einige Ergebnisse nicht ignorieren. Die Studien von Barnett über Ratten, von Mainardi über Mäuse und Hamster, von Morris über Stichlinge und von Wynne-Edwards über schottische Birkhühner haben Fakten beigesteuert, die eine umfassendere Sicht auf die Tiere geben und damit einen anderen Umgang mit ihnen erforderlich machen. Die Grunderkenntnisse der Verhaltensforscher lassen sich etwa so summieren:

1. Jedes Tier hat eine einzigartige und unwiederholbare Individualität, eine Lebensgeschichte, die sich aus seinen Beziehungen zu seinen Eltern, zu seinen Artgenossen und zur Umgebung ergibt.

2. Wie für den Menschen ist für das Tier die frühe Kindheit die entscheidende Phase, in der sich sein Charakter und sein späteres soziales, insbesondere sein sexuelles Verhalten formt.

3. Das Tier hat ein vollkommenes Gleichgewicht zwischen der Bevölkerungszahl und den natürlichen Nahrungsquellen erreicht. Der Schlüssel zu diesem Gleichgewicht ist (für die meisten Arten) das Territorialprinzip. In der Paarungszeit besetzt (in der Regel) das Männchen ein Territorium, das ausreicht, um das Überleben des Weibchens und des Nachwuchses zu sichern. Die «überzähligen» Männchen sind von der Fortpflanzung ausgeschlossen. So wird die Population immer proportional zu den natürlichen Ressourcen gehalten.

4. Die Tiere haben sich Verhaltensnormen geschaffen, die grausame Zusammenstöße zwischen den Individuen einer Spezies verhindern. Die Rivalitätsstreitigkeiten um ein Weibchen, ein Territorium oder eine soziale Rangstufe sind ritualisiert. Sie sind regelrechte Turniere, die sich ohne Blutvergießen abspielen. Der Schwächere zeigt durch eine Geste seine Unterwerfung an, die von dem Überlegenen respektiert wird.

5. Die Mehrzahl der Tierarten bildet Gesellschaften, die in der Regel streng hierarchisch organisiert sind. Jedes Individuum hat seine Stellung und seine Rolle. Die Gesellschaften sind oft sehr komplex, aber immer funktionell auf das Hauptziel ausgerichtet: zu überleben und die Art fortzupflanzen. An der Spitze steht ein Chef oder ein «Senat» von Notabeln, der

sich fast immer aus den Ältesten der Gruppe zusammensetzt. Der Chef ist nicht der Stärkste oder der Aggressivste der Gruppe, sondern der Respektierteste und Beliebteste.

«Die herrschenden Männchen», hat Wynne-Edwards beobachtet, «verdanken ihre Position der Fähigkeit, anderen zu imponieren und sich ihren Respekt zu erhalten. Die Anerkennung ihrer Überlegenheit hängt von zahlreichen Eigenschaften ab. Einige lassen sich als körperliche Stärke und Geschicklichkeit klassifizieren, andere aber sind von abstrakterer und differenzierterer Natur. Zu den ersten kann man solche Fähigkeiten rechnen wie Kampfeslust, Schlauheit, Entschlußkraft in Angriff und Verteidigung, zur anderen Kategorie gehören Kontaktfähigkeit und jene Art von Gaben, die man bei Menschen als Eleganz, Anmut und Würde bezeichnet.» Die Strukturen der Tiergesellschaften sind nicht nur von Spezies zu Spezies verschieden, sondern variieren auch von Stamm zu Stamm oder in manchen Fällen auch von Jahreszeit zu Jahreszeit. Jeder Stamm kann seine eigene «Kultur» bilden, wie man von den Affen weiß. Die Tiergesellschaft ist nicht nur eine Verteidigungsgemeinschaft für das Individuum, sondern erlaubt jedem Mitglied eine ausgeglichene Entwicklung, eine eigene Identität, sie ermöglicht, aggressive Spannungen zu entladen, und erleichtert den Austausch und die Weitergabe neuer Kenntnisse.

6. Tiere sind imstande, Werkzeuge zu benutzen und herzustellen. Ein afrikanischer Geier benutzt Steine, um Straußeneier aufzuschlagen. Er nimmt sie in seine Fänge und läßt sie auf die Eier fallen. Die Otter der Beringstraße öffnen Austern, indem sie sie mit einem Stein aufbrechen. Der Buchfink der Galapagos bedient sich eines Stöckchens, um Würmer aus Löchern zu stochern. Der Savannen-Schimpanse bewaffnet sich mit einem Knüppel, um dem Leoparden zu begegnen. Jane Goodall hat eine Schimpansin beschrieben und gefilmt, wie sie ihrem Sprößling beibringt, Termiten zu fangen: Sie bricht einen kleinen Zweig vom Baum, entfernt die Blätter und führt

ihn dann in den Termitenhaufen ein. Die Termiten klammern sich an das Spießchen, und die Affenmutter braucht sie nur noch abzulecken.

7. Das Tier kann seine Verhaltensweisen kulturell weitergeben. Das bedeutet, daß Verhaltensänderungen auch durch direkte Informationen, die zwischen den Individuen ausgetauscht werden, weitergegeben werden können. Das berühmteste Beispiel der kulturellen Weitergabe einer Erfahrung findet sich bei den Makaken von Koshima in Japan. Dort ließ sich eines Tages das Affenweibchen Imo einfallen, die Süßkartoffeln im Meer zu waschen, bevor es sie aß. Daraus wurde sehr schnell eine Gewohnheit unter allen benachbarten Makakenvölkern. Die bisher bekannt gewordenen Fälle von kultureller Übermittlung sind noch selten. Gewöhnlich erfolgt die Weitergabe neuer Verhaltensmuster auf dem genetischen Weg, und zwar in einem langwierigen Prozeß, der sich über mehrere Generationen erstreckt.

8. Das Tier lebt in perfekter Symbiose mit seiner Umwelt. Dieses Gleichgewicht ist das Ergebnis eines Prozesses der Anpassung, der sich in Millionen von Jahren entwickelt hat. Jede Einzelheit seiner morphologischen, physiologischen und psychologischen Struktur hat sich im Zusammenspiel mit der Umwelt geformt und fixiert. «Es steht heute fest», bemerkt John Bowlby, «daß die Tiere und Pflanzen nicht nur hoch komplexe Strukturen darstellen, sondern daß sie auch mit erstaunlicher Präzision an ein bestimmtes Habitat angepaßt sind. Darüber hinaus ist der Lebensraum der meisten Tierarten begrenzt und verändert sich nur sehr langsam. Daher kommt es, daß noch heute jede Art in einer Umgebung lebt, die sich nur wenig von der unterscheidet, für die sie ausgestattet wurde.»

9. Die gleiche Stabilität prägt die sozialen Gemeinschaften. Tiere haben im allgemeinen nur wenig Spielraum für Anpassung. Das Tier ist nicht imstande, seine Lebensweise schlagartig zu ändern, ohne schwere Traumata davonzutragen.

10. «The healthy animal is up and doing.» Diese Formulierung des Verhaltensforschers McDougall beschreibt die Tatsache, daß das Tier einen natürlichen Betätigungsdrang hat. In scharfem Gegensatz zu der fiktiven Vorstellung, das Tier handle «wie eine Maschine» oder folge einem starren Instinktschema, hat die vorurteilsfreie Forschung ergeben, daß «ein gesundes Tier aktiv ist und etwas tut». Das Tier will sich beschäftigen, erzwungene Untätigkeit macht es (seelisch) krank. – Obwohl er das mehr oder weniger weiß, gibt der Mensch vor, diese fundamentalen und unabdingbaren Bedürfnisse des Tierindividuums nicht zu kennen. Er behandelt es wie rohe Materie, zerstört seine «Kultur», reißt es aus seinem natürlichen Bezugssystem und zerstört so an der Basis die Wurzeln seines psychischen Gleichgewichts. Die Gefangennahme eines Tieres bildet die erste Etappe seines Weges zum Wahnsinn.

4
Die Gefangennahme

Die Tierfängerei, die unter keinem einzigen Gesichtspunkt zu rechtfertigen ist, ist heute dennoch ein Beruf, ja eine Industrie wie jede andere geworden. 18 Jahre lang kämpfte die Gorillaforscherin Dian Fossey gegen legale und illegale Tierfänger in Ruanda, um die bedrohten Tiere zu schützen. Im Jahr 1969 töteten Tierfänger zehn Gorillas einer Gruppe, die gemeinsam ein Junges verteidigten, das im Auftrag des Kölner Zoos gefangen werden sollte. Dian Fossey rettete «Coco» und kurz darauf ein anderes Waisenkind, «Pucker», vor dem schon fast sicheren Tod. Aber ihren Transport nach Köln konnte sie nicht verhindern. Beide Gorillas starben einige Jahre später kurz nacheinander im Zoo. Dian Fossey wurde von unbekannten Tätern 1985 in ihrer Hütte ermordet.

Der Engländer Murray Watson lebt seit Jahrzehnten in Kenia. Als Doktor der Zoologie (Universität Cambridge) fungiert er als ökologischer Berater der kenianischen Regierung. Er liebt es, philosophische Betrachtungen anzustellen: «Hat Gott nicht den Menschen nach seinem Ebenbild erschaffen, damit dieser ihm gleich sei? Ebenso will der Mensch das Tier nach seinem Bild formen. Der gesunde Mensch will das gesunde Tier, der verrückte Stadtmensch will das verrückte Tier hinter Gittern.»

Derart erleuchtet versorgt Watson von Berufs wegen die

Stadtmenschen mit Wildtieren, auf daß sie sich ein Ebenbild schaffen, das ihnen gleiche: Er ist Tierfänger. Mit einer Lizenz der Regierung von Kenia, voller Marken und Stempel. Er besitzt die Lizenz, Tiere verrückt zu machen. Watson versucht seine Tätigkeit zu rechtfertigen: «99 Prozent der Tiere verschwinden durch das Eindringen der Menschen in ihren Lebensraum. Dabei trägt die Wilderei allenfalls ein Prozent zu der Ausrottung bei. Der legale Fang spielt prozentual fast gar keine Rolle.» Er läßt es auch nicht an einer moralischen Rechtfertigung fehlen: «Dank unserer Fangtätigkeit werden seltene Tiere über die ganze Welt verbreitet, und wir meinen, daß ihre Überlebenschancen dort größer sind. Das ist die ethische Motivation unserer Arbeit.»

In Wirklichkeit ist der Tierfang ein kommerzielles Unternehmen, und jede Art moralischer Bemäntelung wirkt reichlich haarig. Uns glauben machen zu wollen, daß man die Tiere schützt, indem man sie in Käfige steckt und in den Wahnsinn treibt, stellt wohl den Gipfel der Heuchelei dar. Tiere zu fangen hat nichts Romantisches und noch weniger etwas Gefährliches. Die Fänger sind keine Abenteurer, sie sind Manager. Sie versorgen die Welt mit Tieren, wie sie sie mit jeder anderen Ware versorgen würden. Das Wichtigste ist, von der Regierung die Erlaubnis zur Ausübung dieser Tätigkeit zu bekommen. Watson stellt das als sehr schwierig dar: «Man muß Zuverlässigkeitsprüfungen machen, Examen bestehen, eine Lehrzeit absolvieren. Die Lizenz wird vom Jagddepartement erteilt und kann zurückgezogen werden. Jedes Tier muß im genau umschriebenen Auftrag eines offiziell zugelassenen Zoos gefangen werden. Für den Zirkus oder den Privathandel wird keine Fangerlaubnis gegeben.»

Trotz dieser angeblichen Einschränkungen erreicht die Tierfangindustrie allein in Kenia einen Jahresumsatz von etwa 42 Mio. Franc. Für jeden Fang muß außerdem eine Regierungssteuer gezahlt werden, die sich nach der Art des Tieres richtet. Für ein Rhinozeros beträgt sie etwa 4200 Franc, für einen Elefanten 2800, für eine Giraffe 2100, für einen Löwen oder einen Strauß 840, für ein Zebra 700, für einen Pavian 490 Franc. Zwei Fangtechniken sind in Gebrauch: die Falle und die Verfolgungsjagd. Die erstere erzeugt kaum Emotionen. Man wendet sie für Großkatzen und für Affen an. Löwe, Leopard oder Pavian stolpern in die Grube oder in die Schlinge, werden in eine Kiste gesteckt und verfrachtet. Im Gegensatz dazu bietet die Verfolgung einiges an Aufregung. Besonders für das Tier. Die Aktion wird mit einem staunenswerten Aufwand durchgeführt. Vom Himmel signalisiert ein Flugzeug oder ein Hubschrauber die Bewegungen der Herde, während auf der Erde ein Landrover und zwei Toyotas mit Spezialausrüstung mit einem Dutzend Männern an Bord sich in Bewegung setzen.

Watson will mir eine Probe seiner Tüchtigkeit geben. Wir befinden uns in dem riesigen Nationalpark Serengeti, einem Territorium von 20000 Quadratkilometern, das 1200000 freilebende Tiere beherbergt. Er entfernt sich in seinem Flugzeug und signalisiert uns bald eine Herde von fünf Giraffen. Wir nähern uns vorsichtig, um sie mit dem Fernglas zu beobachten. Giraffen leben gewöhnlich in kleinen Familiengruppen. Mit einem ausgezeichneten Sehvermögen und ebenso perfektem Gehör ausgestattet, erkennen sie schon auf weite Entfernung eine Gefahr. Sie verbinden sich oft mit Antilopen- oder Straußenherden, mit denen sie Verteidigungsbündnisse auf Gegenseitigkeit schließen. Gegen uns aber ist jede Verteidigung zwecklos...

Schon rasen die Toyotas mit Höchstgeschwindigkeit über die sandige Steppe. Die Verfolgung einer Giraffe darf nicht länger als vier bis fünf Minuten dauern. Sonst riskiert man, daß das Tier durch Panik oder Erschöpfung an Herzkollaps oder Lungenentzündung stirbt. Die Giraffen rennen vor uns her. Trotz ihrer verzweifelten Flucht bewahren sie eine bewunderungswürdige Eleganz. Keine ungeordnete Bewegung, ein fließendes, wellenartiges Gleiten auf der flachen Ebene.

Die Vision eines Aquariums. Die Toyotas versuchen, das jüngste Tier zu isolieren. Warum das jüngste? «Weil der Übergang aus dem Zustand der Freiheit in den der Gefangenschaft einer Gewebeübertragung vergleichbar ist», erklärt Prof. Ermanno Bronzini, Direktor des römischen Zoos. «Wenn man junges Gewebe verpflanzt, gibt es 95 Prozent Chance, daß es anwächst. Nimmt man älteres, sind die Aussichten minimal bis null.

Es ist das gleiche mit erwachsenen Tieren. Sie sind nicht mehr fähig, sich an eine neue Umgebung und an den Zustand des Gefangenseins anzupassen. Im Gegensatz dazu ist das Jungtier noch lernfähig und kann sich auf unvorhergesehene Umstände einrichten. Aber gerade die Kindheit ist es, wie wir noch sehen werden, in der die Traumatisierung unheilbare Wunden schlägt.»

Den zwei Toyotas ist es jetzt gelungen, das Tier zu isolieren. Mike, die rechte Hand von Watson, ergreift eine vier Meter lange Bambusstange, an deren Ende eine Schlinge befestigt ist. Während das Tier neben uns herrennt, wirft ihm Mike die Leine über den langen Schwanz und zieht sie fest. Die Giraffe schlägt mit den plötzlich haltlosen Beinen ins Leere, bäumt sich auf, hält ruckartig an und senkt den Kopf zur Erde. Trotz der Angst sind ihre Augen sanft, ungläubig. Zehn Männer werfen sich schreiend auf sie, ergreifen sie am Schwanz und an den Beinen. – Warum am Schwanz? «Weil er das Gleichgewicht bestimmt», erklärt mir ein Mitglied des Trupps. «Das Tier, das am Schwanz gepackt wird, verliert seine Reaktionsfähigkeit, es ist wie vernichtet.» Die Giraffe schaut sich langsam um, mit Würde, nur das Beben ihrer Nasenflügel gibt über ihren Zustand Aufschluß. Was empfindet das Tier? «Ich glaube, daß der Schock der Gefangennahme etwas Furchtbares ist», sagt Watson. «Wenn es von einem tierischen Verfolger eingeholt wird, weiß das Tier, daß sein Schicksal besiegelt ist: Ein sicherer Tod erwartet es. Aber durch die Gefangennahme erfährt es eine Traumatisierung, ähnlich der, die wir

Menschen erleben, wenn wir – etwa bei einem schweren Unfall – uns dem Tod gegenübersehen und durch ein Wunder gerettet werden.»

Die Giraffe verharrt unbeweglich, von einer Art motorischer Lähmung erfaßt. Sie wird in eine Kiste gestoßen, die Augen werden mit einem großen roten Tuch verbunden. Sie sieht jetzt noch erbarmungswürdiger aus. Sie bläht die Nüstern, vielleicht ist ihr der Geruch des Menschen unerträglich. Sie stellt die Ohren auf, als wollte sie dem vertrauten Galopp ihrer Gefährten in der endlosen Steppe nachlauschen.

«Die Verhaftung», hat Solschenizyn geschrieben, «muß man erklären, daß sie die Umwälzung deines ganzen Lebens bedeutet? Einen direkten Blitzschlag? Eine unfaßbare seelische Erschütterung, mit der nicht jeder fertig werden kann, so daß sich viele in den Wahnsinn retten?»

Die Kiste mit der Giraffe wird auf einen Lastwagen verladen. Mit Sorgfalt, mit Vorsicht. Das Tier ist schließlich eine wertvolle Ware. Es kostet etwa eine Million Lire (ca. 1500 Deutsche Mark). Dann entschwindet der Wagen in einer Wolke von Staub.

Am folgenden Tag durchfahren wir die große Steppe, die sich zwischen dem Amboseli-Park und dem Kilimandscharo erstreckt. Watson will mir zeigen, wie man Zebras fängt. Zebras leben in Herden, mit anderen Tieren, vor allem mit Straußen. Die Verbindung ihrer jeweiligen Fähigkeiten erlaubt ihnen, sich gegenseitig vor einem herannahenden Feind zu warnen. Die Zebras haben einen ungemein feinen Geruchs- und Gehörsinn, während die Strauße sehr gut sehen können. Die Zebraherde, die uns Watson signalisiert, hat keine Strauße bei sich. Als sie uns entdecken, ist es zu spät. Danach läuft alles ab wie bei der Giraffe, nur noch schneller. Die Zebras verschwinden in einer Staubwolke. Aber wie bei der Giraffe und aus den gleichen Gründen darf die Verfolgung sich nicht über zehn Minuten ausdehnen.

Der Toyota rast an die Seite des Jungtiers, und Mike befestigt die Schlinge am Ende seiner Stange. Der erste Versuch schlägt fehl. Das Zebra gleitet aus der Schlinge und entflieht. Mike flucht, macht dann einen zweiten Versuch, der erfolgreich verläuft. Die Schnur zieht sich um den Schwanz zusammen. Das Tier macht einen Satz, versucht ein paar hilflose Sprünge, strampelt mit den Beinen und bleibt dann wie versteinert stehen. Von zwölf Männern gepackt, resigniert das Zebra, das seiner Natur nach ein rebellisches Tier ist, und gibt sich auf. Mit weit aufgerissenen Augen und dampfenden Nüstern.

Einige Tage später nehme ich an einem dritten Fang teil. Diesmal handelt es sich um ein Elefantenkind. Die Elefanten bilden hochentwickelte Gesellschaften mit matriarchalischer Struktur. Die Herde, die aus acht bis fünfzehn Mitgliedern besteht, wird von dem ältesten weiblichen Tier angeführt. Die Kleinen sind Objekt aufmerksamer Fürsorge. Sie werden nicht nur von den Müttern betreut, sondern von allen Tanten und älteren Geschwistern. Die Solidarität, die unter Elefanten herrscht, und diese sorgsame Beaufsichtigung der Jungen machen ihre Gefangennahme besonders schwierig und gefährlich.

Watsons Flugzeug fliegt unmittelbar über der Herde, um sie zu erschrecken. Während die Elefanten durch die Manöver des Flugzeugs abgelenkt sind, nähern sich die beiden Toyotas und versuchen, ein Junges, das sich weiter hinten verzögert hat, zu isolieren. Auch diesmal wirft sich wieder ein Dutzend Männer brüllend auf das Tier. Das Junge, das etwa 250 Kilogramm wiegt, setzt ihnen wilden Widerstand entgegen. Ein Schlag mit dem Rüssel trifft einen Mann so hart, daß er schreiend die Flucht ergreift. Aber der kleine Elefant wird buchstäblich erdrückt von dem Gewicht der elf übrigen. Es trompetet jammervoll, und seine aufgerissenen Augen sind blutunterlaufen. Auf der Erde liegend, mit gebundenen Füßen scheint es nur noch ein Stück brauner lebloser Materie zu sein.

Eine afrikanische Legende läßt den Elefanten das zuletzt

erschaffene Tier der Schöpfung sein: Da das Rohmaterial schon verbraucht war, wurde er aus den edelsten Teilen der anderen Tiere zusammengesetzt. Deshalb ist er das stärkste und das weiseste, das sanfteste und das geduldigste unter allen Tieren.

Was fühlt der Abkömmling eines so vollkommenen Geschöpfs, wenn er mit Ketten gefesselt und gewaltsam in eine dunkle Kiste geworfen wird? Ich konnte mich des Gedankens nicht erwehren, daß das Tier sich in diesem Moment der endgültigen Wendung seiner Existenz voll bewußt war, daß es erkannte, alles verloren zu haben – seine Freunde, seine Bindungen, die Erde, auf der es aufgewachsen war, seine Identität – und von nun an einem ungewissen Schicksal voller Angst und Qual ausgeliefert zu sein. Ich erinnerte mich an Solschenizyn und an die Erzählungen von Gefangenen, die ich bei einer anderen Gelegenheit gesammelt hatte, vor allem an ihre Schilderungen des Gefühls plötzlicher vollständiger Ohnmacht. Warum sollte ein Tier das anders erleben? Prof. Dario De Martis, Direktor der Psychiatrischen Klinik der Universität Pavia und Initiator eines Kongresses über «Ethologie und Psychiatrie», bestätigte mir später die Parallelen. «Jede Situation, die eine krasse Einschränkung der Motorik und des Bewegungsraums bringt, setzt Mechanismen in Gang, die bei Mensch und Tier außerordentlich ähnlich ablaufen. Die ganze menschliche Pathologie, die die Reaktionen des Individuums auf dramatische Situationen betrifft, ruft äußerst archaische Reaktionen hervor. Die Tiere, selbst die Arten, die von uns weit entfernt sind, reagieren ebenfalls stereotyp auf traumatische Vorfälle: zum Beispiel, indem sie ‹sich totstellen› oder, im Gegenteil, in hektische, ungeordnete Bewegungen ausbrechen. Diesen Verteidigungsreflex kann man sowohl bei gehetzten Tieren wie Menschen beobachten. Wenn sich eine traumatische Situation in einer Gruppe von Menschen ereignet, etwa in einem Stadion oder bei einem Verkehrsunfall, dann gibt es Personen, die blockiert und wie gelähmt sind, während andere von Panik ergriffen werden. Die gleichen Mechanismen werden in Kriegszeiten ausgelöst. Jede Entscheidungsfähigkeit scheint dem Menschen abhanden zu kommen, er reagiert nur noch durch automatische archaische Reflexe der Sicherung, Entlastung, Befreiung. In diesen Fällen ist der Vergleich von Mensch und Tier völlig korrekt.» Aber in Anbetracht seiner begrenzten Anpassungskapazität und der Unmöglichkeit, das, was es fühlt, in Worten auszudrücken, wird das Tier von der Gefangennahme noch schwerer getroffen als der Mensch. Es kann sich in diesem Moment schwere Verletzungen zuziehen, sich die Zähne ausschlagen, die Glieder, Rippen, sogar Hals- oder Lendenwirbel brechen. Oder, was auch häufig vorkommt: Ein Tier, das verletzt ist, und sei es auch nur leicht, gesundet nicht mehr, und die Pflege, die man ihm angedeihen läßt, bringt so mehr Schaden als Nutzen. Nach Ernest Dechambre, Mitglied der Veterinärakademie von Frankreich, erklärt sich das «durch die Tatsache, daß die Gefangennahme einen solchen moralischen Schock bewirkt, daß jede Reaktionsfähigkeit ausgeschaltet ist. Das zieht einen Zustand der totalen Schwäche des Organismus nach sich, der so ein Opfer pathogener Mikroben wird... Es ist nicht ungewöhnlich, daß ein Tier nach der Gefangennahme zugrunde geht, ohne daß es auch nur verletzt oder mißhandelt worden ist. Dieser Fall kommt relativ häufig bei Elefanten vor.»

Aber auch bei anderen Tierarten, besonders bei den Großkatzen, den Antilopen und den Vögeln, tritt der Tod oft schon bei der Gefangennahme selbst oder kurz danach ein. Ohne sichtbaren Grund bricht das Tier plötzlich tot zusammen, von seiner Ohnmacht wie vom Blitz erschlagen.

5

Das Umerziehungslager

John Seago ist der älteste Wildfänger von Kenia. Er besitzt in der Nähe von Nairobi eine Ranch besonderer Art: Er zieht dort Wildtiere auf. Genauer formuliert – er betreibt ihre «Umerziehung». Er «erzieht» sie dazu, vom Zustand der Freiheit in den Zustand der Gefangenschaft zu gelangen.

Seago fängt die Tiere mit den gleichen Techniken wie Watson. Aber seine Einstellung zu Tieren ist noch verschwommener und zweideutiger. Wenn er auch zugibt, daß die Gefangennahme effektiv einen Schock darstellt, so meint er doch, daß der erträglich sei. «Nur schade, daß wir während des Fangens keine Möglichkeit haben, dem Tier etwas zu erklären..., ihm zum Beispiel zu sagen: Nimm's nicht so schwer, es wird alles gut ausgehen!» Daß alles gut ausgehen wird, ist purer Euphemismus. Glaubt Seago wirklich, daß es ein glückliches Geschick für ein Tier ist, den Rest seines Lebens hinter Gittern zu verbringen? Er glaube nicht daran, sagt er, daß ein Tier leiden könne. Aber kurz darauf widerspricht er sich: «Wenn ich herausfände, daß ein Tier nicht in Gefangenschaft leben kann, würde ich es nicht in den Zoo schicken. Denn dann würde es sich dort unglücklich fühlen.»

Wie kann ein Tier, das angeblich nicht leiden kann, glücklich oder unglücklich sein? Aber was Seago in seiner Person darzustellen sucht, ist ja auch die Quadratur des Kreises: Er bringt den Tieren das Verderben und behauptet gleichzeitig, ihr Freund zu sein. Sein Beruf ist Tierfänger – und das bestimmt seinen Horizont. Das Einfangen selbst ist nicht sehr schwer. Das Tier wird gepackt, in eine Kiste gesteckt und zur Ranch transportiert. Dann beginnen erst die wirklichen Schwierigkeiten. Das Interesse des Jägers besteht natürlicherweise darin, dem Kunden eine erstklassige Ware anzubieten. Er versucht daher, das Tier so schnell wie möglich aus der Depression, in die es verfallen ist, herauszuholen. Zuerst regt er seinen Appetit an, denn eine gute Ernährung ist nötig, damit es gesund und widerstandsfähig aussieht.

Diese «Umerziehungsarbeit» ist dringend geboten – sie ist die Garantie für einen effektiven Nutzen. Wenn man die Verkaufspreise einiger Tiere untersucht, kann man sich eine Vorstellung von den Geschäften machen, die die Watsons und Seagos betreiben. Man muß sich auch klarmachen, daß die Fanglizenzen nur in begrenztem Maß vergeben werden und daß ihr Besitz quasi ein Monopol darstellt.

Die Regierungstaxe für ein Rhinozeros z.B. beträgt ungefähr 4200 Franc. Der Jäger verkauft das Tier dann für 15000 Franc, wenn es sich um eine seltene Art handelt, wohl auch für 20000 Franc. Für einen Elefanten ist die Taxe nur 2800 Franc, wobei der Preis nach Alter und Geschlecht schwankt. In Afrika kostet ein weiblicher Elefant von vier bis sechs Jahren etwa 17500 Franc. In Thailand variiert er zwischen 2500 und 4000 Dollar (9800 bis 15600 Franc). In Indien kann man einen Arbeitselefanten für 35000 Franc kaufen. Eine Giraffe kostet 5600 Franc; der Bongo, eine seltene Antilope, etwa 28000 Franc, ein Tiger ist mehr als 7000 Franc wert. Der Löwe hat an Wert verloren: man kann ihn für 2800 Franc haben. Die billigsten Tiere nach den Vögeln sind die Paviane: etwa 550 Franc, das ist weniger, als einige Hundearten kosten. Aber sie sind leicht zu fangen, und man exportiert sie im allgemeinen «en gros» für die wissenschaftlichen Laboratorien.

Zu diesen Preisen vor Ort muß man noch die Transportkosten und die der Quarantäne hinzurechnen, dazu den Zwischenhandel. Die Transportkosten sind sehr unterschiedlich. Die Verschiffung eines Zebras zum Beispiel von Mombasa nach Neapel kostet etwa 1400 Franc, die eines Rhinozeros 2100 Franc. Für einen Elefanten mit einem eigens dafür ausgestatteten Flugzeug von Nairobi nach Neapel muß man 18000 Dollar (70000 Franc) Frachtkosten ausgeben! Der Preis für ein Tier, das erst einmal in Europa oder in den Vereinigten Staaten angekommen ist, beträgt ein Vielfaches des Preises, der an dem Ort üblich ist, wo es gefangen wurde. So kann ein Rhinozeros 28000 Franc kosten; ein Elefant von 21000 bis 35000 Franc; ein Bongo von 42000 bis 50000 Franc; eine Giraffe fast 20000 Franc; ein Zebra 9000 Franc; ein Tiger über 14000 Franc. Die Raubkatzen, mit Ausnahme des Schneepanthers, des Schneeleoparden und des sibirischen Tigers, gehören zu den billigeren Tieren, abgesehen von den sehr hohen Unterhaltskosten. Man kann auch einen Löwen mehr oder weniger illegal für 3500 Franc haben und ein Löwenkind für noch weniger; ein Leopard erreicht nicht einmal 7000 Franc.

Für diesen Preis sucht Seago, der immer etwa zwanzig Tiere auf seiner Ranch hält, diejenigen Individuen für die Zoos aus, die schon ein wenig «zivilisiert» sind, also die, die ein Leben in Gefangenschaft durchstehen können und ihren Erwerbern nicht allzu viele Schwierigkeiten machen.

Dem Schock der Gefangennahme folgt der Schock der Gefangenschaft. Die Kriminologen sprechen vom «Katzsyndrom», das auftritt, sobald der Gefangene sich in der Isolationszelle befindet. Wie beim Menschen ruft die Einschließung beim Tier Reaktionen hervor, die von der Resignation bis zum erbitterten Widerstand reichen, der sich als Tobsucht äußert. Hediger unterscheidet drei Formen:

– einen akuten Erregungszustand, der sich zu heftigen Gewaltausbrüchen steigert, in deren Verlauf sich das Tier schwere und oft tödliche Verletzungen zuzieht;

– eine lang anhaltende Erstarrung;
– Verweigerung der Nahrung, ein regelrechter Hungerstreik, der zum Tod durch Entkräftung führen kann.

Zu alledem muß sich das Tier an die Gegenwart seines größten Feindes, des Menschen, gewöhnen. Diese Übung ist um so schmerzhafter, als jedes Tier eine Sicherheitsdistanz zu ihm einzuhalten pflegt, eine Distanz, die in der Gefangenschaft nicht mehr respektiert wird. Für die Giraffe beträgt sie zum Beispiel fünfzig Meter. Um die Tiere an diese neue Situation zu gewöhnen, hat Seago eine ausgeklügelte Annäherungstechnik. Nach und nach gewinnt er ihr Vertrauen, verführt sie zum Essen, streichelt sie, verwöhnt sie. Er verhält sich wie der Arzt, der einen zum Tode Verurteilten auf die Beine stellt, damit er am Tag der Hinrichtung in Form ist: «Ich habe beobachtet», sagt Seago, «daß die Tiere sehr unterschiedliche Persönlichkeiten haben, genau wie die Menschen. Manche freunden sich mit dir nach achtundvierzig Stunden an, während es bei anderen drei oder vier Wochen dauert. Die einen verabscheuen die Umstellung, andere nehmen sie leicht. Wir haben eine Reihe von Tricks gefunden, um die Tiere in den ersten Tagen der Gefangenschaft zu beruhigen. Wir haben vor allem gemerkt, daß es ihnen besser geht, wenn der Zaun mit Gras verkleidet wird. Ohne Zweifel fühlt sich das Tier dadurch abgeschirmt, vor der Außenwelt beschützt. Das Gras verwelkt nach und nach oder wird gefressen, und das Tier gewöhnt sich stufenweise an seine Gefangenschaft. Es beginnt hinauszuschauen und die Gegenwart von Menschen zu akzeptieren.»

Beim Rhinozeros dauert die Periode der «Umerziehung» drei Monate. Bevor es auf den Lastwagen oder den Zug geladen wird, der es wegbringt, muß es daran gewöhnt werden, sich in einem begrenzten Raum zu bewegen, keine Bäume mehr über seinem Kopf zu sehen, unter seinen Füßen Beton zu spüren. Denn während des Transports muß es in einem sehr engen Container aushalten, muß aushalten, von einem

Kran in die Luft gehoben zu werden, viele Tage im Bauch eines Schiffes zu verbringen.

Während die Giraffe, die überaus gesellig ist, sich schnell an menschliche Gegenwart gewöhnt, hat das Zebra einen äußerst mißtrauischen Charakter. Am Anfang sperrt man es in ein sehr enges Gatter, dann gibt man ihm zunehmend Raum. Zwei Monate vor der Abfahrt beginnt man damit, es in dem Container schlafen zu lassen, in dem es die Reise machen wird, damit es sich an einen länger anhaltenden Zustand von Unbeweglichkeit gewöhnt.

«Die rebellischsten Tiere», erklärt Seago, «sind die kleinen Antilopen. Sie haben ein hochentwickeltes Nervensystem, das für ihr Überleben in der Freiheit notwendig ist. Da sie deshalb mit einer enormen Reaktionsgeschwindigkeit begabt sind, fliehen sie instinktiv mit Riesensprüngen, sobald sie den feinsten Geruch oder das leiseste ungewohnte Geräusch wahrnehmen. Es braucht sehr lange Zeit, um diese Reaktion zu ändern, und wir sind gezwungen, sehr komplizierte Methoden anzuwenden. Die Antilopen werden zuerst in einen dunklen und gepolsterten Container gesteckt. Dann lassen wir sie stufenweise Kontakt mit der Außenwelt aufnehmen. Die Polsterung wird Stück für Stück entfernt. Später werden sie in einen größeren Container umgeladen und schließlich in ein Gehege gelassen. Es kann neun Monate dauern, bis sich die kleinen Antilopen zu entspannen beginnen.»

Das gleiche läßt sich auch von den Bongos sagen. Sie sind Waldtiere, die in der Freiheit kaum mit anderen Lebewesen Umgang haben. Außerdem verhalten sie sich, wie alle Waldtiere, in ihrer natürlichen Umgebung sehr scheu und reserviert. In der Gefangenschaft sind sie einer radikalen Veränderung ihrer Lebensumstände ausgesetzt. Es ist ihre Art, sich in Bäumen und zwischen Laubwerk zu verbergen. Im Gefängnis müssen sie offen leben und sich auf eine ganz andere Form der Nahrungsaufnahme umstellen. Die Periode der Anpassung ist daher sehr lang, sie kann ein Jahr dauern.»

Als ich Seago fragte, was für ihn der glücklichste Moment im Laufe seiner Beziehung zu Tieren war, antwortete er: «Was mich am glücklichsten macht und mich für alles entschädigt, das ist, wenn ein Wildtier, das immer Angst vor dem Menschen hatte und immer zu ihm Distanz hielt, ganz nah an mich herankommt und das Essen nimmt, das ich ihm reiche, oder wenn es sein Gehege durchquert und auf Zuruf zu mir kommt.» Der glücklichste Moment für den, der wilde Tiere fängt, ist also der, wenn das Tier vollkommen «umerzogen» ist, wenn es an den erstbesten Interessenten verkauft werden kann. Aber für das Tier ist es der Moment, wo es, Opfer eines perfiden Vertrauensbruchs, einem neuen psychischen Schock ausgesetzt wird. Wenn es nach monatelanger Pflege Zutrauen gefaßt und Frieden gefunden hat, wenn es den Verführungen des Menschen erlegen ist, dann ist der Zeitpunkt erreicht, wo es in die Quarantänestation gebracht wird, die nächste unverzichtbare Station auf seinem Weg in ein neues Zuchthaus.

6

Das lautlose Massensterben

Nach einigen Schätzungen sind es jährlich etwa 100 Millionen Tiere, die allein aus Afrika nach Europa und Nordamerika gebracht werden. Die USA verzeichnen einen Jahresimport von 30 Millionen. Die Auskunft der französischen Flughäfen Orly und Bourget erfolgt nach Gewicht: 3000 Tonnen lebender Tiere. Die Umsätze bei diesem Geschäft gehen in die Milliarden. Eine offizielle Ziffer gab für Italien im Jahr 1972 10 Milliarden Lire (ca. 15 Mio. Deutsche Mark) an. Die Dunkelzahl ist kaum zu erahnen.

Besonders schreckenerregend ist die Plünderung unter den Affen und Primaten. Im allgemeinen werden sie an die Forschungslabors verschickt. Die USA verbrauchen jährlich etwa 250000 für die biomedizinische Forschung. In England wurden 1966 nur für Primaten 22308 Importlizenzen ausgestellt, ebenfalls für «wissenschaftliche» Zwecke. Anderthalb Millionen Rhesusaffen wurden in sechs Jahren von den USA für Labors, Zoos und andere Zwecke eingeführt.

Für die Bundesrepublik gibt eine Statistik Anhaltspunkte, die lediglich die nach Anhang I und II des Washingtoner Artenschutzabkommens (WA) geschützten Tiere erfaßt. Danach stieg die Zahl der 1985 eingeführten Tiere gegenüber dem Vorjahr um 3074 auf 61219. Dabei sind weder die noch nicht im WA erfaßten Tiere berücksichtigt noch die Importe aus anderen Ländern der Europäischen Gemeinschaft. Da der Artenschutz in vielen EG-Staaten noch laxer gehandhabt wird als in der Bundesrepublik, ist der Verschiebung und Vermarktung auf diesem Binnenmarkt Tür und Tor geöffnet.

Die Reise vom Ort der Gefangennahme bis zum Bestimmungsort stellt eine alltägliche, weitgehend unbekannte Form des Massenmordes dar. Der Kreuzweg des Tieres beginnt mit seiner Verladung in einen Transportcontainer. Auf Watsons Ranch, etwa 40 Kilometer vor Nairobi, sah ich die erste Leidensstation mehrerer Antilopen. Im Handumdrehen wurden die Tiere, um deren Freundschaft man sich bis dahin heuchlerisch bemüht hatte, wieder zu Ware. Die Antilope spürte es. Sie merkte, daß ihr etwas wenig Erfreuliches bevorstand, und weigerte sich, in den Container einzusteigen.

Es handelt sich um eine enge Holzkiste, in die das Tier hineingleiten soll wie eine Hand in einen Handschuh. Ein Mann steigt in das Gehege, um die Antilope hineinzudrängen, aber sie wehrt sich heftig. Sie ist offensichtlich verbittert durch ihre Gefangenschaft. Nach zwanzig Minuten Anstrengung gelingt es endlich, sie in den Behälter zu quetschen, der für mehrere Tage ihre Behausung sein wird.

Der Transport erfolgt per Schiff oder per Flugzeug. Das Flugzeug ist den teuren Tieren vorbehalten und denen von kleiner Statur. Die Paviane zum Beispiel genießen dieses «Privileg». Sie werden gewaltsam zu Dutzenden in kleine Käfige gestopft, die normalerweise nur fünf Tiere aufnehmen dürften. Viele ersticken. Die Überlebenden finden sich eine Stunde später weit weg von dem gewohnten heißen Klima. Zu dem psychischen Trauma kommt eine allgemeine organische Schwächung, die den Tod nach sich ziehen kann. Die rosa Flamingos werden zu fünfzig in Kisten gesteckt, die höchstens für zwanzig gemacht sind. Damit so viele in dem viel zu engen Raum Platz haben, zwingt man sie, ihre langen Beine unter den Bauch zu pressen und den Kopf zwischen den Flügeln zu bergen. Die Hälfte von ihnen erreicht den Zielort tot.

Die Tiere, die auf dem Seeweg verschickt werden – und das ist die Mehrzahl –, werden erst mit der Eisenbahn von Nairobi nach Mombasa gebracht. Dort werden sie mit Kränen auf die Schiffsdecks gehievt. Im Schiff verbringen sie dreißig bis vierzig Tage bei schlechter Nahrung, dem ungewohnten Seegang ausgesetzt, zur Unbeweglichkeit verdammt. Die Verschiffung folgt rigorosen ökonomischen Gesetzen. Die Behälter sind so eng wie möglich, weil Schiffsraum teuer ist. Außerdem will man verhindern, daß die Tiere um sich schlagen und sich verletzen. Trotz solcher Vorsichtsmaßnahmen, die in Wahrheit ziemlich oberflächlich sind, ereignen sich auf der Reise Tragödien. Die Tiere verletzen sich, indem sie mit Kopf oder Rücken gegen die Wände ihrer Kiste schlagen. Manche ersticken, weil sie gezwungen sind, ihre Nahrung zwischen ihren Exkrementen zu sich zu nehmen oder weil die Regulierung der Luftzufuhr versagt; andere zernagen ihre Pfoten bis aufs Blut oder manchmal bis zur Verstümmelung. Einige, namentlich der Gorilla, können Selbstmord begehen.

Die Öffentlichkeit erfährt so gut wie nichts von diesen Tatsachen. Nur manchmal wirft eine Meldung ein Schlaglicht auf den permanenten Skandal. So erregte der Tod von sieben Schweizer Pferden, die für ein Rennen unterwegs waren, einiges Aufsehen. Sie wurden auf dem Fährboot «Blaues Känguruh» zwischen Neapel und Palermo tot aufgefunden. Ohne ersichtlichen Grund waren sie im Frachtraum des Schiffes verendet. Das Wetter war schlecht, und es herrschte hoher Seegang, aber niemand hatte die Tragödie vorausgesehen. Waren die Pferde erstickt oder einfach aus Angst und Kummer gestorben? Und wenn das domestizierten Tieren geschieht, die schon mit den Launen und sonderbaren Ideen des Menschen vertraut sind, wie mag es da erst den Wildtieren ergehen, die die Freiheit gewohnt waren und in ihrer leidvollen Verfassung zum erstenmal dem Meer ausgesetzt sind?

Man erhält sehr schwer Auskünfte über das lautlose Massensterben im Bauch der Schiffe. Prof. Kay Curry-Lindal,

Delegierter Ostafrikas bei der UNESCO, deutet die Größenordnung des Sterbens an: «Der Transport ist mit schweren Leiden verbunden. Bei den Vögeln, die in enormen Quantitäten nach London, New York oder Holland exportiert werden, erreicht die Todesrate das erschreckende Ausmaß von 50 bis 60 Prozent. Ich glaube, daß man bei den Säugetieren etwas mehr aufpaßt – da geht es um höhere Summen.»

Man hat berechnet, daß bei den Transporten in die USA von acht Affen nur ein einziger überlebt; von 50 Vögeln einer. «Eine Unzahl von Tieren stirbt wegen der katastrophalen Transportbedingungen», bestätigt auch Antoine Reille, Generalsekretär des französischen Bundes für Vogelschutz. «Die Verbrennungsöfen gewisser Importgesellschaften sind der Beweis dafür...» Man rechnet zum Beispiel, daß fünfzig von hundert Fischen und sechzig von hundert Papageien auf dem Weg nach Frankreich verenden. Die bundesdeutsche Statistik weist für 1985 allein 8085 Graupapageien aus. Das ist ein entsetzliches Massaker, ermöglicht durch das komplizenhafte Schweigen von Tierfängern, Zwischenhändlern, Kaufleuten und Behörden. Während der Seereise regiert das Gesetz des Schweigens. Die Tierleichen werden ins Meer geworfen und hinterlassen keine Spuren. Im Flugzeug ist es schwerer, den Kontrollen zu entkommen, so sickert manchmal etwas durch.

Eine Episode als Beispiel: Am 29. April 1972 kamen auf dem Flughafen Mailand Linate einige versiegelte Kisten aus Bangkok an. Die Fracht trug die Nummer 39969322. Die Kisten wurden zwischengelagert, niemand kümmerte sich darum, da in Italien ein Feiertag war. Der Adressat, Herr Banco Gennari, meldete sich am nächsten Tag. Aber da der Veterinär nicht anwesend war, blieben die Kisten, wo sie waren. Schließlich, am 2. Mai, öffnete sie jemand, der offenbar durch den sich ausbreitenden Gestank aufmerksam geworden war. Sie enthielten sechs Eichhörnchen, vier Zibetkatzen, sechsundzwanzig Beos, sechs Falken und zwei Geparden. Fast alle waren tot oder lagen im Sterben. Einige befanden sich schon in fortgeschrittenem Verwesungszustand. Dennoch wurde nicht einmal eine Untersuchung eingeleitet. Man beschränkte sich darauf, den Vorfall zu bedauern.

Ich habe selbst etwas Ähnliches erlebt. Ich kam in Neapel an, als gerade siebenundsiebzig Kisten aus dem englischen Schiff «Irish Bank» entladen wurden. Man konnte in ihrem Innern die Mäuler von Zebras und Antilopen erkennen. Ich fragte, wie die Tiere die Reise überstanden hätten. Man antwortete mir, daß alles sehr gut verlaufen sei. Nur ein Zebra und drei Antilopen seien gestorben. Die Leichen? Man habe sie ins Meer geworfen. Woran sind sie gestorben? Man wußte es nicht oder gab vor, es nicht zu wissen. Immerhin, die Fahrt war erfolgreich verlaufen. Die Kisten wurden auf Lastwagen verstaut. Das vorläufige Ziel war die Quarantänestation von Neapel. Das ist ein Buschgelände von elf Hektar am Ufer des Sees von Fusaro. Man hat den Eindruck, ein Konzentrationslager zu betreten: die gleiche Tüchtigkeit, die gleiche Ordnung, die gleiche Sauberkeit. Sogar Blumengärten und gepflegte Beete, sogar der Stacheldraht. Im Hintergrund die Verbrennungsöfen. In diesem Park werden die Tiere der gesundheitlichen Kontrolle unterzogen.

In Europa gibt es ein Quarantänelager, und zwar in Neapel. Neapel bildet für alle Tiere, die für Europa bestimmt sind, und einen Teil derer, die nach Amerika gehen sollen, die Transitstation. Ich beobachtete das Öffnen der Kisten. Die Zebras und Antilopen schienen nicht heraus zu wollen, offenbar konnten sie nicht glauben, daß sie wieder an die frische Luft kommen sollten. Sie hatten steife Beine und Abschürfungen an den Knien und den Schläfen, aber sie wirkten sonst gesund. Dennoch starb ein Zebra am nächsten Tag. Die Beamten der Quarantänebehörde gerieten in Aufruhr. Der Veterinär von Neapel, der zur Autopsie gerufen wurde, befand, daß ein Splitter des Containers, den das Zebra während der Fahrt abgenagt hatte, seine Eingeweide durchstochen habe. Wenn bewiesen worden wäre, daß eine Krankheit seinen Tod verursacht hatte, wäre die ganze Ladung (sechsunddreißig Zebras, vierzig Antilopen) vernichtet worden. Verbrannt in den Öfen des Krematoriums.

Nach der Reise muß die Quarantäne trotz ihrer Schrecknisse dem Tier fast wie ein Paradies erscheinen. Hier findet es wieder Platz, Gras, Bäume, die Gesellschaft von Artgenossen. Spezialisten kümmern sich um seine Gesundheit. Der tägliche Pensionspreis beträgt 5000 Lire (ca. 7,50 DM) für eine Giraffe, 3500 Lire (ca. 5,20 DM) für eine Antilope, ein Zebra oder einen Büffel, etwa 2000 Lire (ca. 3 DM) für die kleineren Tiere. Alle zwei Tage kommt ein Angestellter des Hygieneamtes, und am Ende des Aufenthalts erteilt er die Genehmigung zur Weiterfahrt.

Doch es täuscht, wenn man meint, die Quarantäne sei fast schon ein Ferienaufenthalt, bequem und geruhsam. Auch sie ist in Wahrheit eine Periode schwerer psychischer Spannungen für das Tier. «Seit 1972», erklärt mir John Achy, Direktor der Quarantänestation von Mombasa, «verlangen die amerikanischen Behörden eine neue Art von Gesundheitskontrolle, die auf Blutuntersuchungen basiert. Wir sind deshalb gezwungen, die Tiere von neuem im Gehege einzufangen. Zehn Kubikzentimeter Blut braucht man bei den großen Tieren. Die Blutentnahme wird unter der Kontrolle der Veterinärbehörde der Regierung vorgenommen, die das Blut in einem Reagenzglas mit dem Etikett des betreffenden Tieres nach Washington schickt. Nach dreißig Tagen müssen wir die Operation wiederholen: das Tier einfangen, zehn Kubikzentimeter Blut entnehmen, es nach Amerika schicken. Wenn diese beiden Proben das gleiche Resultat erbringen – negativ, wohlverstanden –, wird die Einfuhrgenehmigung erteilt. Wenn aber eines der Resultate positiv ist, müssen wir das Tier aus der Quarantäne entfernen und die ganze Prozedur zwei Monate lang an allen anderen Tieren vollziehen. Die Blutentnahme ist eine schwierige und riskante Operation, besonders für das Tier, das davon so geschockt sein kann, daß es stirbt. Zum Beispiel ist es bei den Antilopen besonders schwierig. Man muß das Tier fangen, es immobilisieren und vor allem beruhigen, um seinen Tod durch Herzinfarkt zu vermeiden. Dann muß man die Vene am Hals finden, und das dauert manchmal eine halbe Stunde. Die Venen sind sehr dünn, und wenn man an der rechten Seite fertig ist, muß man an der linken neu zu suchen anfangen. Das Tier leidet dabei sehr, und es geschieht nicht selten, daß eines am Schock der Blutentnahme stirbt.»

Nach ihrer Ankunft in den Vereinigten Staaten müssen die «Einwanderer» nach den gesetzlichen Bestimmungen von Kopf bis Fuß in ein Desinfektionsbad eingetaucht werden. Für viele von denen, die alles Bisherige überlebt haben, wird dieses Bad zur Endstation. Sie verlassen es steif und tot.

7
Der Kaiman in der Kanalisation

Millionen und aber Millionen von Tieren, die aus Afrika, Asien und Südamerika importiert werden, landen bei Händlern, im Zirkus, in Zoos oder bei privaten Liebhabern in den Industrieländern. Der Handel mit Wildtieren ist weltweit organisiert. Es gibt Verteilerzentralen, wie in Singapur, und Transitzentren, wie in Belgien und Holland. Hier kommen alle europäischen Importeure zusammen. Was auch immer die endgültige Bestimmung des Tieres ist, die Alternativen sehen stets gleich aus: Tod oder Gefängnis und Wahnsinn.

Auf jeder Station setzt sich die Vernichtung fort. In Frankreich wurden die Fernsehzuschauer einmal am Bildschirm über die Machenschaften von Tierhändlern unterrichtet: Im Januar 1973 drangen Polizisten und Mitarbeiter des Tierschutzes in das Lager eines Händlers in Meaux ein. Sie entdeckten fünfzehn Kartoffelsäcke voll mehr oder weniger verwester Kadaver – Vögel, Affen, Schlangen – und Berge von winzigen Kisten, in denen Tausende von Tieren eingepfercht waren, die meisten mehr tot als lebendig. Die Kontrolleure mußten Schutzmasken benutzen, weil die Luft verpestet war. Die Entdeckung machte großes Aufsehen, und man forderte ein Gesetz, um den Handel mit Tieren zu reglementieren. Nach Angaben der Kommission, die damit befaßt war, stellt der Fall von Meaux eher die Regel als die Ausnahme dar.

«Warum Zeit und Geld verschwenden», läßt Roger Manuel wissen, ein Tierbändiger, der bei jenem Händler in Meaux gearbeitet hat, «wenn ein Beo fünf Franc (ca. 1,70 DM) beim Einkauf in seinem Heimatland kostet und für mindestens 130 Franc zu verkaufen ist, manchmal für 500, wenn er ‹Papa› und ‹Mama› und ‹Zozo› sagen kann, und sogar für 1000, wenn er ein paar Satzbruchstücke beherrscht?» Manuel enthüllt auch gleich die Art der Spekulation, die mit Vögeln getrieben wird: Ein Papagei lernt leicht einige Wörter, und der Händler verkauft ihn dann als «sprechenden Vogel». Der Kunde ist naiv, er kauft. Stolz trägt er seinen «Plappervogel» davon und wartet darauf, daß der ihm was erzählt. Das Warten kann Tage dauern, ohne daß der Papagei den Schnabel aufmacht. Er ist starrsinnig, der Papagei, schlimmer als der Beo. Wenn er nicht reden will, dann redet er nicht. Totales Schweigen. Also bringt der Kunde sein «Geflügel» dem Verkäufer zurück, der sich trotz seines Anschlags «Verkaufte Tiere werden nicht zurückgenommen und nicht umgetauscht» bereit erklärt, den Vogel zurückzunehmen, zu einem niedrigeren Preis, versteht sich, wie einen Gebrauchtwagen. Sein Vorteil ist ein doppelter: Er verkauft dem Kunden einen anderen Papagei, den er auch schon zurückbekommen hat, und verscherbelt den, den er gerade wiedergekriegt hat, an den nächsten Dummkopf.»

Die Tierhändler kennen nicht den geringsten Skrupel. Sie verkaufen die Jungen, die sie den Eltern wegnehmen, bevor sie imstande sind, sich selbst zu ernähren, und die daher zum sicheren Tod verurteilt sind. Sie verkaufen junge Löwen, ohne den Erwerber zu informieren, daß sie ohne Muttermilch nicht überleben können. Ihr Zynismus kennt keine Grenzen, wenn sie nur ihre «Ware» an den Mann bringen können.

Es ist heute Mode geworden, sich mit exotischen Tieren zu umgeben. Das ist reiner Snobismus. Und er nimmt manchmal sonderbare Formen an. So gefiel es vor einigen Jahren den Snobs von New York, junge Kaimane einige Monate lang in der Badewanne aufzuziehen. Wenn man sie dann wieder los sein wollte, warf man sie ins Klo. Einige von ihnen wuchsen heran und spukten in der Kanalisation der Stadt.

Es ist unmöglich, eine auch nur annähernde Vorstellung davon zu gewinnen, wie viele exotische Tiere in europäischen und amerikanischen Appartements wohnen. Von Zeit zu Zeit enthüllt ein Geschichtchen unter der Rubrik «Vermischtes» dieses Phänomen, das weitgehend unbekannt ist. So war zu lesen, daß ein gewisser Filippo Mariotti mitten in Rom Löwenkinder auf seiner Terrasse aufzog. Eines Tages wurde eines von ihnen auf der Piazza dell'Emporio überfahren. Filippo Mariotti beschloß daraufhin, die Löwen, diese zerstreuten Tiere, zu ersetzen – und zwar durch einen Leoparden. Ein aufgewecktes Tier mit schnelleren Reflexen. Er hielt sich tatsächlich einen auf der Terrasse oberhalb seiner Wohnung, in einem Käfig. Seine Bewachung vertraute er einem armen Kerl namens Ercole Gentili an, einem Behinderten, der von Tierhaltung keine Ahnung hatte. Eines schönen Tages fiel der Familie Mariotti auf, daß der Wächter nicht herunterkam. Sie stiegen zur Terrasse hinauf, fanden den Leoparden außerhalb seines Käfigs herumstreifen und den unglücklichen Gentili zerfetzt in seinem Blut. Die Gefangenschaft... oder die Getreidesuppen, mit denen sein Herr es angeblich zahmfüttern wollte, hatten das Tier verrückt gemacht. Es erhielt umgehend seine Strafe: zwei Revolverkugeln ins Gehirn.

Die Tiere sind immer die Opfer, auch wenn sie vollkommen unschuldig sind. Im August 1973 spazierte ein junger Löwe durch die Straßen einer süditalienischen Kleinstadt, nachdem er die Haustür seines Herrn offen gefunden hatte und entschlüpft war, um frische Luft zu schnappen. Panik verbreitete sich in der Nachbarschaft. Damen fielen in Ohnmacht, die Ladeninhaber ließen die Jalousien herunter. Ein Carabiniere machte das Tier mit dem Maschinengewehr nieder. Das Löwenkind, das niemanden belästigt hatte, war vier Monate alt.

Nach Auskunft von Giorgio Busacchi, Tierhändler in Bologna, muß es in Italien mindestens fünf Millionen Zoophile geben. Die Nachfrage nach exotischen Tieren ist so gewaltig, daß man sie kaum befriedigen kann. Die Skala ist breit und reicht von der Wasserschildkröte zur China-Nachtigall, von rosa Flamingos zu Schmuckfasanen aus China oder Laos, von Geparden zu Makaken, von Elefanten bis zu indischen Amseln. Junge Löwen sind besonders bei Fotografen gefragt. Bei speziellen Liebhabern findet man Pumas, Panther, Ozelots und sogar Kamele. Auch Modeströmungen üben ihren Einfluß aus. So waren nach dem Vietnamkrieg vietnamesische Hamster en vogue. Busacchi importierte vierzigtausend im Jahr. Ein andermal waren es Chinchillas. Man träumte davon, sie zu züchten, um sich daraus einen Mantel zu machen. Aber da man nichts von ihrer Aufzucht verstand, starben sie alle. In Frankreich herrschte eine Zeitlang die Python-Mode. Man verkauft sie für 150 bis 300 Franc (ca. 50–150 DM) per Meter, in Italien für 15000 Lire (ca. 22,50 DM) den Meter. Eine römische Dame, Besitzerin von zweieinhalb Meter Python, füttert sie mit lebenden Hamstern; aber bevor sie sie opfert, küßt sie sie weinend und besprengt sie mit heiligem Wasser aus Lourdes.

Dann folgte die Kobra-Mode. Ihr Preis schwankte zwischen 30000 und 60000 Lire (ca. 45 bis 90 DM). Im Gefolge der Dracula- und Horrorfilme grassierte eine Zeitlang die Mode der «abstoßenden» oder furchterregenden Tiere. Exotische Fledermäuse, Leguane, Geckos tauchten in den Wohnungen auf. Kostspielige exotische Tiere zu besitzen ist ein Zeichen von Vornehmheit, ein Zeichen von Wohlstand, ein Erfolgssymbol. Für 80000 Lire kann man in Rom eine südamerikanische Riesenfledermaus (Flughund) erwerben, für 110000 einen Papagei von den Philippinen, für 12000 eine indische Amsel, für 400000 einen Ozelot, für 800000 kann man sich, Gipfel des Snobismus, einen Jaguar leisten. Im allgemeinen bevorzugen die Leute kleinere Tiere. Solange sie ein Objekt der Bewunderung für die Freunde darstellen und in Mode sind, werden sie verhätschelt – aber der Tag kommt, an dem sie zu nichts mehr nützen und, der amerikanischen Mode folgend, ins Klo oder in den nächsten Kanal geworfen werden.

Ein kleiner Teil der importierten Tiere landet im Zirkus. Das ist vielleicht noch der relativ beste Platz, den sie finden können, obwohl man sie dort zu Übungen zwingt, die ihrem Instinkt zuwiderlaufen oder ihre Fähigkeiten übersteigen. Es kann ihnen auch passieren, daß sie, wie die Pensionäre des Zirkus Amar, auf der Straße ausgesetzt werden, weil ihr Besitzer ruiniert ist und sie nicht mehr ernähren kann.

Eine gewaltige Zahl von Tieren ist für die Forschungslabors bestimmt. In diesem Bereich ist das Massaker internationalisiert. Millionen von Tieren beenden ihre Tage unter dem Operationsmesser oder dienen als «Versuchskaninchen» in Experimenten, die ihr psychologisches Gleichgewicht zerstören. Die Sammlung, die Richard Ryder über die Vivisektion zusammengetragen hat, kann eine Vorstellung davon vermitteln, welchen unerträglichen Schmerzen die Labortiere tagtäglich unterworfen sind.

Schließlich gibt es noch die Zoos. Offiziell sind es 531 auf der ganzen Welt, aber die Privatzoos vermehren sich ins Uferlose. In Frankreich hat man 140 davon gezählt, von denen mindestens 100 auf der Stelle geschlossen werden müßten, wie Experten sagen, wegen der schändlichen Bedingungen, unter denen die Tiere darin vegetieren müssen. Jeder Vorwand ist gut, um einen Zoo zu eröffnen. In Carnac hat ein Metzger einen gegründet – hauptsächlich zu dem Zweck, sein unverkauftes Fleisch nutzbringend loszuwerden.

Hier eine charakteristische und sehr aufschlußreiche Geschichte. Sie enthüllt den Zynismus, der oft die Gründung eines Privatzoos leitet: In Meschers, an der Atlantikküste, feierte im Juni 1969 der Geschäftsmann Pierre Leblanc-Penaud mit großem Pomp die Eröffnung eines Zoos. In Gegenwart der örtlichen Behördenprominenz wurden Tanz und Gesang und Pferderennen geboten. Dieser Zoo enthielt 210 Insassen aus allen Gegenden der Welt. Grund genug für das Land und für seinen Besitzer – der 10 Prozent vom Eintrittsgeld kassierte –, stolz zu sein, und eine Attraktion für das Publikum.

Bis 1971 lief alles vorzüglich. Bei einer durchschnittlichen Besucherzahl von dreißigtausend kassierte der Zoo 60 000 bis 70 000 Franc. Dann begannen die Geschäfte des Herrn Leblanc-Penaud schlecht zu gehen. Was also tat der geschäftstüchtige Unternehmer? Er überließ die Tiere ihrem Schicksal. 130 von ihnen starben an Hunger, ohne daß sich irgend jemand zum Einschreiten verpflichtet sah, auch der Bürgermeister nicht. Eine Polizeistreife entdeckte eines Tages an der Parkgrenze drei sterbende Tiere, einen Hirsch und zwei Antilopen. Es gab einen Skandal. Warum? «Weil das Aas einen Verstoß gegen die Hygieneverordnungen darstellt.» Solange sie die Menschen nicht mit der Pest bedrohten, erregten die sterbenden Tiere niemandes Aufmerksamkeit.

Den Beamten bot sich ein unvorstellbarer Anblick. In der Voliere hingen verstreut die Reste Dutzender von Vögeln: Federn, Eingeweide, verstümmelte Körper. Um zu überleben, hatten sie sich gegenseitig angefressen. Brutus, der Löwe, aus dem Sudan importiert, war zum Skelett abgemagert: von seinem Normalgewicht von 250 Kilo war er auf 90 heruntergekommen. Von fünfzig Affen hatten drei überlebt. Im Gehege der Damhirsche lagen auf einigen Zentimetern Kiefernnadeln die Kadaver von fünfzehn Tieren, darunter zwei Löwen, zwei Bären, eine Ziege aus dem Senegal, eine Antilope. Verhungert. Allein unter allen ein großes, dickes und relativ zufriedenes Tier – die Hyäne.

Neben dieser Art von Zoos, die aus Eitelkeit oder Gewinnsucht errichtet werden, gibt es andere, öffentliche und private, wo die Tiere strengen Hygienevorschriften gemäß gehalten, nach sachverständigen Regeln ernährt und von spezialisiertem Personal betreut werden. Offensichtlich sind das Orte, wo Quälerei und Massaker undenkbar sind. Aber wenn die Tiere dort auch dem gewaltsamen Tod und den Torturen entgehen – und auch das nicht immer –, wenn sie dort auch mit Respekt und Bewunderung betrachtet werden, so manifestieren sich doch in eben diesen Tierparks am charakteristischsten die schweren geistigen und psychischen Schäden.

8

Die Fabriken des Wahnsinns

Seit einigen Jahren befassen sich auch Psychiater mit den Zoos. Sie haben entdeckt, daß sie dort reiches Studienmaterial finden. Die Natur von Mensch und Tier läßt sich unter diesem Aspekt auf neuartige Weise vergleichend analysieren. Gegenwart und Vergangenheit der Zoos und die sich darin spiegelnde Beziehung des Menschen zum (wilden) Tier sind höchst aufschlußreich. Im Licht der Erkenntnisse von Psychiatrie und Ökologie könnte man heute die Geschichte des Zoos neu schreiben. Ellenberger hat einen Versuch in dieser Richtung unternommen.

Soviel man davon weiß, reicht der Ursprung weit zurück. An allen Enden der Welt gefiel es offenbar den Mächtigen, ihre Behausungen und Parks mit «wilden Tieren» auszustatten. Die persischen Kaiser hatten ihre «Paradeisos», weitläufige Gehege, in denen die Tiere zum bloßen Vergnügen dieser Herrscher lebten. Die «Paradeisos» lieferten die Tiere, die für die herrschaftlichen Paraden und Jagden benötigt wurden, sowie wahrscheinlich Modelle für die Künstler des Hofes. Der Glanz dieser Fabelgärten war in der ganzen damaligen Welt berühmt und erlangte mythologische Dimensionen. Eine Erinnerung daran finden wir in der Bibel, wie Ellenberger bemerkt: «Die biblische Beschreibung des Gartens Eden stellt ein idealisiertes Abbild des persischen ‹Paradeisos› dar. Auf dem Weg über die hebräischen Propheten wurde daraus das der erlösten Menschheit versprochene ‹Paradies›, wo der Löwe und das Lamm Seite an Seite in Frieden miteinander leben.»

Der Besitz eines solch wunderbaren Gefildes war natürlich ein Zeichen von Größe und Reichtum. Er erhöhte das Ansehen des Potentaten und bezeugte seine Macht über alle Lebewesen. Noch in einem anderen Sinne waren die wilden Tiere ein Zeichen der Macht des Tyrannen: Er allein hatte das Recht, sie zu besitzen, ein Privileg, das den Untertanen nicht zustand. Ihnen wurden im Gegenteil die «Bestien» als Symbol der Gewalt, der Kampfkraft und des Todes vorgeführt, ein furchterregendes Arsenal, das der Herrscher jederzeit gegen sie loslassen konnte.

Diese Benutzung des wilden Tieres als Symbol von Allmacht und Grausamkeit setzt sich noch lange in der Geschichte fort. Wir wissen das besonders von den Römern. Im Mittelalter und in der Renaissance unterhielten die Fürsten große Gruben voller Tiere, die durch Gefangenschaft und Hunger blutrünstig gemacht worden waren und in die sie ihre Feinde warfen oder zu werfen drohten. Noch im modernen Film wird von dem Mittel Gebrauch gemacht, mit «schrecklichen» Tieren Schauder zu erregen, der mehr unter die Haut gehen soll als die Schrecknisse der raffiniertesten technischen Waffen. Der scharf gemachte Schäferhund des SS-Mannes oder die Dogge des Zuhälters dient demselben Zweck.

Eine weitere Stufe des Zoos wird von den mittelalterlichen Menagerien repräsentiert. Doch der erste wirkliche zoologische Garten der Welt war – nach Loisel – derjenige der Azteken in Mexiko. Diese von den spanischen Eroberern zerstörte Anlage unterschied sich von den bis dahin bekannten Ansammlungen von Tieren: Sie scheint wissenschaftlichen Zwecken gedient zu haben. Tatsächlich befanden sich in Tezcuco, dem großen wissenschaftlichen Zentrum des aztekischen Kaiserreichs, neben dem Tiergehege eine Bibliothek, ein naturhistorisches Museum und ein großer Saal, «wo Historiker, Priester und Philosophen des Reichs arbeiteten, in Klassen nach der Art ihrer Wissenschaft eingeteilt».

Die wilden Tiere sind hier nicht mehr (oder nicht nur) Zeichen der Macht, sie werden vielmehr als das Seltsame, das Sonderbare gesehen, das man ausstellt und studiert. So kommt es, daß man im gleichen Sinn auch «sonderbare» Menschen für Forschungszwecke benutzt. Das Charakteristische am mexikanischen Zoo ist, daß sich dort, neben einer Vielfalt von Tieren, eine Abteilung befand, in der Zwerge, Bucklige, Albinos und andere «Launen der Natur» untergebracht waren. Die menschlichen «Monstren» wurden also dem Status der wilden Tiere angeglichen und umgekehrt.

Auch die Fürsten der Renaissance sammelten in ihren Palästen neben wilden Tieren «seltsame» Menschen – Neger, Tataren, Mauren und so fort. Eine Zwergin ist noch auf Velázquez' berühmtem Gemälde «Las Meninas» mit der Königsfamilie dargestellt, als Gespielin der Infantin. Bucklige dienten als Narren.

Es ist bezeichnend, daß gegen Ende des 19. Jahrhunderts (!) Carl Hagenbeck, ein Vorläufer des modernen Zoodirektors, gleichzeitig mit seinen Tieren Gruppen von Nubiern, Lappen, Kalmücken, Hottentotten, Patagoniern und amerikanischen Rothäuten ausstellte. Die Erinnerung an diese «Völkerschauen» wird an der Fassade des Tierparks Hagenbeck in Hamburg bewahrt, wo an der Seite von Löwen und Panthern Indianer und Eskimos in Bronze verewigt sind.

Seit dem 17. Jahrhundert hat sich eine Unterscheidung zwischen menschlichen «Monstren» und Tieren herausgebildet. Auch in Europa wurden die zoologischen Gärten, besonders die «Menagerie von Versailles», die von Ludwig XIV. gegründet wurde, zu Stätten der Forschung. Sie blieben aber exklusiv dem König und seinem Hofstaat vorbehalten. Die Öffentlichkeit war nicht zugelassen. Zum Ausgleich wurden in der gleichen Epoche die Irrenanstalten für das Publikum geöffnet.

Der Besuch des Irrenhauses von Bedlam war eines der großen Sonntagsvergnügen der Londoner. Für einen Penny konnte man das Quartier der Geisteskranken besuchen, sich mit ihnen unterhalten, sie ärgern, sich über sie lustig machen. Es ergab sich also eine paradoxe Situation: Das Wildtier blieb ein Luxus, der den Mächtigen vorbehalten war, das menschliche «Monstrum» wurde im Gegensatz dazu dem Publikum als Futter für seine Neugier und seinen Sadismus zur Verfügung gestellt.

Die Französische Revolution drehte die Situation um. Der Zoo, das königliche Privileg, wurde für alle zugänglich. Einige Jahre später wurden die menschlichen «Monster» vom Rest der Welt getrennt. Die Geburt des modernen Zoos traf mit der Geburt der psychiatrischen Anstalt zusammen. Seit dem vorigen Jahrhundert wurde der moderne Zoo ein Instrument zur Verbreitung der Kenntnis von Tieren. «Neue Arten wurden aus dem Herzen Afrikas und aus anderen entfernten Gegenden nahezu jede Woche importiert», berichtet Desmond Morris, «und der zoologische Garten wurde dadurch ein äußerst wichtiger Ort für das Studium der Tiergattungen, die man nicht kannte oder die man noch nie hatte studieren können. Nun hatte auch die breite Masse die Möglichkeit, in den Zoo zu gehen, um dort Tiere zu entdecken, die bis dahin unbekannt waren. Dies war der einzige Weg, die außerordentliche Vielfalt der Arten kennenzulernen, die die Erde bevölkern.»

In unserer Zeit hat der Zoo zum großen Teil seine kulturelle Funktion verloren. Dem Psychiater erscheint er als eine «totalitäre Einrichtung» in dem Sinn, den Erving Goffman diesem Begriff zuschreibt, das heißt als ein «Konzentrationslager». Es gibt noch keine umfassenden vergleichenden Analysen von menschlichem und tierlichem Verhalten in der Gefangenschaft, doch in zunächst ganz allgemeiner Form kommen die Spezialisten zu der Auffassung, daß eine Parallele zwischen Zoo, Gefängnis und psychiatrischer Anstalt wissenschaftlich korrekt herzustellen ist und uns helfen würde, gewisse menschliche Verhaltensweisen zu verstehen.

«In dem Moment, wo wir Menschen ins Gefängnis stecken, sind sie nicht verrückt, doch häufig werden sie es», sagte mir Danilo Mainardi, «und ihre Verrücktheit nimmt Formen an, die denen der im Zoo eingesperrten Tiere vergleichbar sind. Hier gibt es mit Sicherheit eine Parallele. Im Gegensatz dazu ist der Kranke in einer Heilanstalt schon vor seiner Einweisung verrückt gewesen, aber es geschieht häufig, daß zu seiner ersten Krankheit eine zweite hinzukommt, die nur auf die Wirkung der Gefangenschaft zurückgeht. Man findet bei Anstaltsinsassen viele Stereotypien, die sie bei ihrer Einlieferung nicht hatten. Ein neuer Wahnsinn wird dem alten hinzugefügt. Man kann daraus ableiten, daß die Gefangenschaft, welcher Art sie auch sei, bestimmte Wahnsinnsarten erzeugt, die sich untereinander ähneln.»

Ellenberger, der die Rolle der Zoos und der psychiatrischen Anstalten in unserer Gesellschaft untersucht hat, bemerkt ebenfalls, daß es zahlreiche Ähnlichkeiten zwischen diesen beiden Einrichtungen gibt. Es ist kein Zufall, daß ihre Geschichte eine seltsame Parallelität aufweist. Die auffallendsten Übereinstimmungen betreffen das Verhältnis Pfleger–Patient, die Beziehung zum Publikum und gewisse Anpassungssyndrome, die allein durch Gefangenschaft und Ausschluß vom normalen Leben hervorgerufen werden.

«Bei meiner Beschäftigung mit menschlichen Geisteskrankheiten», sagte mir de Martis, «hat es mich immer wieder verblüfft, welche erstaunlichen Entsprechungen sich in allen Fällen zeigen, wenn man Menschen oder Tiere der Freiheit beraubt und sie abnormen Bedingungen unterwirft. Das ist ein deutlicher Verweis auf eine universelle Struktur, die bei Mensch und Tier gleich ist. Da auch die menschliche Kultur auf seiner Natur aufbaut, bedeutet die Internierung ein doppeltes Verbrechen: gegen die Kultur und die Natur. Der Zoo ist ein Totalangriff auf die Natur des Tieres.»

Es ist kein Zufall, daß in unserer Zeit die Zoos die gleiche Entwicklung durchlaufen wie die Gefängnisse und Heilanstalten. Die allgemeine Tendenz geht dahin, diese einst völlig geschlossenen Einrichtungen mehr und mehr zu öffnen, Abgrenzungen zu vermeiden und den «Abweichler» in sein Milieu zu integrieren. Bewährungsmodelle für Strafgefangene werden ebenso erprobt wie offene Anstalten für geistig Erkrankte. Entsprechend werden Initiativen ergriffen, um den Tieren mehr Raum zu geben, ihnen Auslauf aus den Käfigen zu ermöglichen und eine Umgebung zu schaffen, die ihrer natürlichen möglichst ähnlich ist.

9
Der goldene Käfig

Auf den ersten Blick mag der Zoo als ein komfortabler Ort erscheinen, wo das Tier jedes erdenkliche Wohlbefinden genießt. Sicher, es gibt wenig Platz, die Käfige sind aneinandergedrängt, es ist laut, unordentlich, manchmal sogar schmutzig. Aber all diese Unannehmlichkeiten, sind sie nicht notwendigerweise mit jeder Konsumgesellschaft verbunden, und verflüchtigen sie sich nicht, wenn man sie gegen die Vorteile dieser Lebensweise abwägt?

Im Käfig ist das Tier durch Gitter vor seinen möglichen Feinden geschützt. Es bekommt genug zu essen und muß sich nicht um die Beschaffung seiner Nahrung kümmern. Sein Territorium ist wohlbegrenzt und wird ihm nicht von Artgenossen streitig gemacht. Wenn es sich paaren will, hat es ein oder mehrere Weibchen zur Verfügung, ohne es einem männlichen Rivalen entreißen zu müssen. Was kann es noch mehr wollen? Die Vorstellung, daß sich das Tier im Käfig wohl fühlt, ist immer noch weit verbreitet. Seago zum Beispiel scheint davon überzeugt zu sein: «Je länger das Tier Kontakt mit Menschen hat», sagt er, «desto mehr erweitert es seine Erfahrung und seine Interessen. Das Leben im Zustand der Wildheit ist nicht so unterhaltsam, wie man sich allgemein vorstellt. Leben ist für das Tier eine schwere Arbeit und immer, besonders für die kleineren, von dem Risiko begleitet, seine Tage im Bauch eines anderen zu beenden. Ich meine, daß die Zootiere, wenn sie in den Händen kompetenter Leute sind, mehr zu gewinnen als zu verlieren haben.»

Professor Bronzini, der Direktor des Zoos von Rom, teilt diese Auffassung: «Ein Tier, das auf einem Territorium lebt, das frei von Feinden ist und wo es reiche Nahrung findet, ist privilegiert und verbringt sein Leben auf einer Fläche von wenigen hundert Quadratmetern, nicht mehr. Es braucht nicht viel Raum, da es sich keinen Angriffen entziehen muß. Diese Idealbedingungen werden im Käfig reproduziert. Sicher, das Tier ist ein Gefangener, aber es ist auch und vor allem vor seinen Feinden geschützt und ist nicht der Notwendigkeit zur Flucht ausgesetzt. Darüber hinaus bekommt es eine tägliche Nahrung, die seinem Organismus perfekt angepaßt ist.»

Manche schließen auch aus der Beobachtung, daß das durchschnittliche Lebensalter im Käfig höher ist als in der Natur, auf günstige Auswirkungen der Gefangenschaft. «In den zoologischen Gärten», bestätigt Prof. Bronzini, «werden Löwen 40 Jahre alt und Nilpferde über 50. Diejenigen Tiere, die den größten Vorteil aus der Gefangenschaft ziehen, sind die Raubvögel. Wir haben hier in Rom seit über dreißig Jahren ein Kondor-Pärchen. Der Adler lebt seit 1935 hier, und er war schon erwachsen, als er ankam. Die meisten Adler sind seit über dreißig Jahren im Zoo. Das sind Altersstufen, die in der Freiheit nur sehr selten erreicht werden.»

Aber was sagen diese Zahlen in Wirklichkeit aus? Sie bezeugen einfach nur, daß manche Tiere sich perfekt an das Käfigleben anpassen und den Zustand ewiger Passivität, Trägheit und tödlicher Langeweile zu akzeptieren lernen, den ihnen der Mensch aufzwingt. Ganz nebenbei gibt Bronzini das zu, als wir einen armen zerzausten Adler betrachten, der traurig auf einer Stange in seinem Käfig hockt: «Tatsächlich ist der Adler in Freiheit ebenso sicher», bemerkt er. «In der Luft hat er keine Feinde, und er hat nie Probleme, sich Nahrung zu verschaffen. Im Käfig gleicht sein Leben mehr dem eines Huhns.

Er hält sich den lieben langen Tag auf seiner Stange auf, und das Publikum fragt sich schon: Ist das wirklich der Adler, der König des Firmaments?» Ebenso der Löwe, der König der Tiere, der stundenlang vor sich hin döst und sich kein bißchen rührt, wenn ihn nicht der Wärter ab und zu anstößt. Auch er hat sich perfekt angepaßt.

Lorenz Hagenbeck (der inzwischen verstorbene Direktor des Tierparks Hagenbeck in Hamburg) hat mir erzählt, daß während des Bombardements 1943 viele Tiere die Flucht ergriffen. Am nächsten Tag fanden sie sich alle wieder in ihren Käfigen ein. Hagenbeck sprach davon mit einer Art Stolz: Es war der Beweis, daß sich die Tiere bei ihm wohl fühlten. Tatsächlich kommt es vor, daß das Tier sich an seinen Käfig gewöhnt und ihn als seine Wohnstatt und sein Revier betrachtet. Außerdem hat es keine Wahl.

Dieses Phänomen, das Kriminologen und Psychiatern wohlbekannt ist, nennt man die «Inbesitznahme» der neuen Behausung. Man hat in den Gefängnissen beobachtet, daß die Lebenslänglichen sich am besten betragen: Da sie keinerlei Hoffnung mehr haben, akzeptieren sie passiv die Werte «guter Führung», die die Anstalt fordert – Resignation, Apathie, Unterordnung. Unter den vielen zu lebenslänglicher Haft verurteilten Sträflingen, die ich kennengelernt habe, erinnere ich mich besonders an den erbarmungswürdigen «zio Pietro» (Onkel Pietro), der in der Vollzugsanstalt von Favignana, einer Insel, einsitzt. Er hegte nur für seine früheren Gefängnisdirektoren Zuneigung. Er hatte ihre Geburts- und Namenstage in einem Kalender notiert und versäumte niemals, ihnen seine Glückwünsche zu schicken. Sein Leben schien offenbar ruhig und heiter. Das einzige, was er fürchtete, war der Gedanke, er könnte eines Tages aus dem Gefängnis entlassen werden. Die gleiche Anhänglichkeit an ihr Milieu findet man bei Geisteskranken.

Als ich die Psychiatrische Anstalt von Aversa in der Nähe von Neapel besuchte, entdeckte ich in einer Mansarde über einen klapprigen Webstuhl gebeugt drei Insassen, die seit Jahren klinisch gesund waren, aber nicht weg wollten. Der Direktor behielt sie aus Mitleid da. Der Charakter dieser «Eingewurzelten» wird von Daumezon so beschrieben: «Ein passives, bescheidenes, resigniertes, einschichtiges Individuum, oft ohne richtigen Beruf, in prekärer ökonomischer Lage. Für das Personal ist er ‹ein guter Kranker›, fügsam, gefällig, bescheiden, von allen gern gesehen. Nur sobald man von Heilung spricht, kehren die Symptome wieder, und es ist nicht selten, daß es gerade kurz vor der Entlassung zu einem schweren Rückfall kommt. Wenn das Abenteuer der Entlassung überstanden wird, kommt der Kranke mit Sicherheit baldmöglichst mit einem neuen Einweisungsschein zurück.»

Wenn der Vergleich mit dem Menschen richtig ist – und daran besteht kein Zweifel –, dann kann man die Resignation und Apathie des Tieres als eine milde Form von Wahnsinn begreifen, die die Zeit nur verschlimmert. Aber wenn auch manche Tiere, wenigstens scheinbar, sich an die Gefangenschaft anpassen, so reagiert doch die Mehrzahl mit abnormen Verhaltensweisen.

«Es steht außer Zweifel», sagte mir Murray Watson, «daß der Zoo die Persönlichkeit der Tiere erschüttert. Es genügt, daran zu denken, daß sie sich Tausende von Kilometern von ihrem natürlichen Wohngebiet entfernt befinden, daß sie einem anderen Klima ausgesetzt sind und andere Nahrung bekommen, daß sie statt auf Gras auf Beton treten. Darüber hinaus haben sie sich nicht ihre Gefährten ausgesucht, sie werden ihnen aufgezwungen, sind in anderen Ländern gefangen worden oder gehören sogar einer anderen Art an. Zum Beispiel steckt man ein Rhinozeros, das in Kenia gefangen wurde, mit einem aus Tansania zusammen. Diese beiden Tiere sehen ähnlich aus, aber sie sind in Wirklichkeit grundverschieden. Das kann Schwierigkeiten nach sich ziehen, ihr Zusammenleben beeinträchtigen. Ich bin tief überzeugt, daß alle Tiere, die gezwungen sind, auf kleinem Raum und unter den unnatürlichen Bedingungen eines Zoos zu leben, dem ausgesetzt sind, was wir Wahnsinn nennen.»

Die Zoos sind nicht für die Tiere, sondern für die Menschen konzipiert worden. Die Menschen möchten die Tiere gern dicht beieinander haben, um sie nach Belieben vergleichen zu können. Dieses System ist ebenso bequem wie ökonomisch. Die Käfige sind nach einem Einheitsmodell konstruiert. In Reihen angeordnet, nehmen sie so wenig Platz wie möglich ein, werden in Beton errichtet und mit Kacheln versehen, damit sie sich besser reinigen lassen. So ist der Zoo sehr vernünftig eingerichtet – für die Menschen. Mit Sicherheit nicht für die Tiere. Sie sind nicht nur gezwungen, eine Umwelt zu akzeptieren, die vollkommen anders ist als die ihre, sie müssen auch auf einen Schlag eine ganze Reihe von instinktiven Verhaltensweisen aufgeben, die seit Jahrhunderten Teil ihrer genetischen Ausstattung sind.

So kann man Eichhörnchen sehen, die am Beton kratzen, um eine Nuß zu verstecken, oder Wildhunde, die ein Loch zu graben versuchen, um einen Knochen aufzuheben, und die nicht aufhören, bis ihre Pfoten blutig gerieben sind. So brauchen die Hirsche, wie viele andere Säugetiere, rauhe, harte Oberflächen, an denen sie sich reiben können, um den Fellwechsel zu erleichtern, und andere Objekte, an denen sie sich die Hörner abstoßen müssen. Sie brauchen auf ihrem Terrain Stellen, an denen sie ihre Hufe scheuern können, um überschüssige Hornwucherung zu verhindern usw. Im Käfig gibt es nichts von alledem. Ihnen fehlt das unerläßliche Minimum, um eine normale Existenz zu führen.

Der Fuchs, der gewohnt ist, Dutzende von Kilometern zu rennen, um sich ununterbrochen in Bewegung zu halten, ist zu nahezu vollständiger Bewegungsunfähigkeit verdammt. Fälle von Muskelatrophie sind häufig, und neben einer Fülle von psychosomatischen Störungen hat man auch eine Abnahme des Gehirngewichts gemessen. Die psychophysische Struktur des Tigers ist, wie bei allen anderen Raubtieren, der

Jagd angepaßt. Im Käfig gibt es dafür nicht die geringste Anregung, das Tier hat nichts zu tun als darauf zu warten, daß man ihm Nahrung bringt.

«Ich glaube, das, was die Tiere verrückt macht, ist die Langeweile», sagt Robert Ardrey, der bekannte amerikanische Autor, der mehrere sehr erfolgreiche Bücher über Ethologie geschrieben hat. «Wie monoton ist das Leben, das sie im Vergleich zur Wildnis führen... Nehmen wir zum Beispiel die Antilope, die in Freiheit in ständigem Alarmzustand ist, weil sie mögliche Verfolger fürchten muß: Alle ihre Sinne sind wach, sie nimmt Witterung im Wind, sie horcht, sie späht unentwegt umher. Und was bleibt ihr im Tierpark zu tun? Fressen. Oder nehmen wir die Katzentiere, die Leoparden oder Jaguare: Sie sind dazu erschaffen, im Wald zu leben, denn sie töten gewöhnlich durch einen Sprung vom Baum. Es ist ihr Leben, sie sind dafür gemacht. Nichts davon im Zoo. Das ist der Weg, den Neurosen nehmen. Er führt über die Langeweile.»

Wenn man den Zoo unter dem Gesichtspunkt der Ernährung betrachtet, dann erscheint er als wahres Schlaraffenland. Die Tiere werden reichlich mit Futter versorgt, ja fast gestopft. Allerdings ist es nicht das Tier, das danach verlangt, sondern das Publikum. Das Schauspiel der Fütterung, insbesondere der Raubtierfütterung, ist dermaßen gefragt, daß die Zooverwaltungen geradezu gezwungen sind, sie oft vorzuführen. Sie richten ihr Programm deshalb so ein, daß die Zuschauer möglichst viele sehen können. Um das Publikum zufriedenzustellen, füttert man etwa die Raubkatzen jeden Tag, während sie in der Freiheit höchstens einmal in der Woche essen. Diese Einrichtung ist aus mehreren Gründen absurd. Zum einen wird die Fresserei für die Tiere, ebenso wie der Sex, eine «Beschäftigungstherapie», die in der Konsequenz eine ganze Reihe von Verhaltensstörungen nach sich zieht. Zum anderen verursacht die Nahrungsbeschaffung für die großen Fleischverzehrer enorme Kosten und führt zum Massaker an

Unmengen armer Schlachttiere, das durch nichts zu rechtfertigen ist. Sie sind die wahren Opfer des sadistischen Publikums, das danach verlangt, blutige Fleischfetzen zwischen den Reißzähnen der Raubtiere zu sehen. Es sind vor allem Esel und Maultiere, die zu Dutzenden in den Schlächtereien der Zoos geopfert werden. Das Festhalten an diesem abartigen Schauspiel bedeutet, die niedrigsten Instinkte der Zuschauer zu nähren und die Käfigtiere noch mehr zu schädigen.

«Es steht fest», bemerkt Mainardi, «daß die Versorgung der Raubtiere mit bereits getöteten Tieren oder mit Fleischstükken die lange, natürlich verknüpfte Kette von Antriebs- und Bestätigungsmustern zerstört. Diese Kette beginnt mit dem Aufspüren einer Beutemöglichkeit (offensichtlich durch Hunger motiviert), es folgt die Reizsituation (Begegnung mit dem Beutetier), dann die ganze Sequenz von Handlungen und entsprechenden inneren Vorgängen, die das Ende herbeiführen, so daß der Verzehr erst ganz am Schluß steht. Es ist klar, daß das Tier nicht ungestraft immer mit dem Ende der Kette beginnen kann – es ist nicht so veranlagt. So kommt es denn, daß das eine oder andere ‹explodiert› und mit seinem Leben dafür bezahlt.»

«Die Tiere im Zoo zu füttern», fügt Morris hinzu, «war schon immer ein Problem, weil man oft genug nicht genau wußte, welche Art Nahrung für die jeweilige Art notwendig ist. Früher gab man den Tieren einen Brei, der recht appetitlich aussah, jedenfalls für die Augen des Besuchers, der aber nicht alle Nährstoffe in ausgewogener Zusammensetzung enthielt. Heute haben die Ernährungsexperten viel dazugelernt, und jeder gute Zoo hat einen entsprechenden Spezialisten. Dennoch gilt: Da die Nahrungssuche in der Freiheit an zwei Elemente gebunden ist, an die Physiologie *und* an das Verhalten, kann eine noch so gut ausgewogene Ernährung nur das erstere befriedigen. Jede Spezies hat ihre festgelegten Ernährungsgewohnheiten und richtet ihr Verhalten so ein, daß sie sie befriedigen kann.

Als die alten Ernährungskriterien verändert und durch wissenschaftliche ersetzt wurden, die im Laboratorium entwickelt worden sind, hat man den Faktor Verhalten nicht einkalkuliert. So hat man den Schwachsinn der Vergangenheit abgeschafft, ohne das Gute beizubehalten, das darin enthalten war. Die alten Methoden hatten etwas Positives: Sie sicherten dem Tier eine Vielfalt von Speisen. Das mag für einige Arten nicht so wichtig sein, für andere ist es, wie das Sprichwort sagt, das ‹Salz des Lebens›.

In extremer Form basiert die neue Ernährungsordnung auf fünf Grunddiäten. Völlig verschiedene Tiere, wie Affen, Schweine, Strauße und Papageien, werden mit einer bestimmten Diät gefüttert, während Hunde, Opossum, Adler und Schildkröten einen anderen Typ Diät bekommen. Der Körper wird davon gekräftigt, aber das Gehirn vernebelt sich. So hat die Zoowelt zwei Schritte voran und einen zurück gemacht... Es ist etwas biologisch Unmoralisches, Tiere in Gehegen zu halten, wo sie nicht ein Verhalten ausleben können, das die Frucht von Millionen Jahren der Evolution ist.»

Wie schon gesagt, das Essen wird in Ermangelung anderer Stimulanzien zu einem Zeitvertreib. Das Tier kaut die Speisen und wiederkäut sie, es erbricht sie und frißt sie wieder. Oder es schlingt sie hinunter, zum großen Amüsement des Publikums. Wenn das Tier sein Futter verlangt, so hat Morris beobachtet, «glaubt das Publikum, daß das aus Gier geschieht, auch wenn es satt ist. In Wirklichkeit ist es nicht die Speise, die das Tier interessiert, sondern der Kontakt mit dem Publikum. Es gibt Tiere, die das Essen wegwerfen, sobald sie es bekommen haben. Aber dann merken sie, daß das den Kontakt mit ihren Zuschauern abbricht, und fahren fort, das Zeug stoisch hinunterzuschlingen, bis sie zu dick werden und oft genug daran sterben.»

Noch viele andere typisch neurotische Erscheinungen finden sich im Zoo. Als ich die Strafanstalt von Asinara, einer Insel nördlich von Sardinien, besuchte, machte mich der Direktor darauf aufmerksam, daß die Gefangenen, die von der Außenarbeit zurückkamen, die Anzugtaschen voller Kiesel, Maiskolben oder bunter Steine hatten. Der extreme Entbehrungszustand, in dem sie lebten, trieb sie dazu, in ihren Pritschen und Schränkchen alle möglichen Dinge zu sammeln, die sie als ihr Eigentum betrachten konnten und die ihnen anscheinend ein Gefühl von Sicherheit für die Zukunft vermittelten. Etwas Ähnliches entwickelt sich bei den gefangenen Tieren. Sie nehmen alles, was ihnen angeboten wird, heben es auf, horten es. Sie scheinen die schreckliche Angst der Armen zu kennen: die Angst, gar nichts zu besitzen.

Das abwegigste Verhalten ist die Koprophagie, das Verzehren der eigenen Exkremente. Es kommt besonders häufig bei den Menschenaffen vor. Manche schreiben es der Tatsache zu, daß die Affen in Freiheit auf Bäumen leben und kaum Gelegenheit haben, ihren eigenen Kot wahrzunehmen. Im Käfig «begegnen» sie ihm zum erstenmal, darum betasten und kosten sie ihn. Diese Erklärung ist unbefriedigend. Die Koprophagie wird fast immer in Momenten großer nervöser Anspannung und großer Langeweile beobachtet.

Je intelligenter ein Tier ist, desto schlimmer reagiert es auf den Mangel an Anregungen. Einerseits bietet das Käfigleben so gut wie keine Stimulation, andererseits ist der Zoo eine Quelle für heftige Gefühle. Die Nähe des Menschen, die sonntäglichen Massen erzeugen Streß. Dazu sind die Käfige dicht aneinandergestellt, und das Tier muß die Gegenwart oder die Stimme und den Geruch seines natürlichen Feindes, des Raubtiers, ertragen. Die natürliche Reaktion wäre die Flucht. Es gibt sehr sensible Tiere, wie die Antilopen, die sich in einem illusorischen Fluchtversuch gegen die Gitter werfen und dabei umkommen. Andere verbergen ihre Panik und sterben langsam, entweder durch Nahrungsverweigerung oder an Erschöpfung, die durch Disfunktion der Nebennieren hervorgerufen wird. Andere verfallen in einen tiefen Depressionszustand, ohne irgendein äußeres Zeichen zu zeigen. Die Känguruhs zum Beispiel oder bestimmte Huftiere machen den Eindruck, als ob ihnen nichts fehlt. Aber die Autopsie nach dem Tod deckt schwere Infektionen und Verletzungen des Nervensystems auf.

Die Tiere, die sich anpassen, tun es, indem sie abstumpfen, ihre natürlichen Fähigkeiten und instinktiven Reaktionen unterdrücken. Im Zoo unterliegt das Tier allgemein einer permanenten Veränderung seines Charakters und seines Temperaments. Es lebt in einem Zustand äußerster emotioneller Labilität: Von Langeweile und Erschöpfung wechselt es zu Hyperaggressivität, Hypersexualität und Freßsucht. Das alles sind offensichtliche Manifestationen seines Unglücks.

Jeder hat schon im Zoo die Tiere gesehen, die ruhelos in ihrem Käfig hin- und herschreiten, Stunde um Stunde, ohne Pause. Diese stereotype Bewegung, die gradlinig, kreisförmig, elliptisch oder in Form einer Acht verlaufen kann, ist bei vielen Arten verbreitet. Es sind vor allem die aktivsten Tiere, bei denen sie auftritt: die Bären, die Hyänen, die Wölfe, die Füchse und die Großkatzen. Bei den Vögeln besteht die stereotype Bewegung darin, daß sie ständig zwischen zwei Punkten des Käfigs hin- und herfliegen, immer zwischen denselben. Oder sie zeigt sich in einem ständigen Kopfnicken, das den Akt des Pickens imitiert.

Die Gründe für dieses Verhalten sind von Monica Meyer-Holzapfel, Direktorin des Zoos von Bern, analysiert worden. Der Hauptgrund ist der Raummangel. Holzapfel schildert den Fall der Bären, besonders aktiver Tiere, die oft den Kopf gegen die Wand ihres Geheges schlagen, einige Schritte zurückgehen und wieder gegen die Wand rennen, und das stundenlang. Ein anderer Grund ist die übermäßige Nähe des Publikums.

Inhelder berichtet von einer Hyäne, deren schwere motorische Störung sich beträchtlich besserte, nachdem der Abstand zum Publikum von drei auf sechs Meter vergrößert worden war. Monica Holzapfel erzählt ferner das Beispiel eines Gürteltieres im Zoo von Amsterdam, das frenetisch in seinem Käfig auf und ab lief. Das Gürteltier ist gewohnt, in der Erde zu scharren. Als der Käfigboden mit einer zwanzig Zentimeter hohen Erdschicht und Rasen bedeckt wurde, hörte das sinnlose Rennen auf. Im selben Zoo gab es einen Affen, der immer von einer Käfigecke in die andere rannte. In diesem Fall war der Grund die Gegenwart eines anderen Affen derselben Gattung, dessen Dominanz sich der erste nicht entziehen konnte.

Die motorischen Stereotypien dienen auch dem Zweck, den Überschuß an Erregung und Agressivität zu entladen, den das Tier in seinem Käfigleben nicht auf normalem Weg abbauen kann. «Im tiefsten Grund», erkennt Monica Holzapfel, «handelt es sich um den vergeblichen Versuch, einen Ausweg zu finden.» Die geraden, elliptischen oder achtförmigen Strecken sind vielleicht auch eine Art, den knappen Raum so gut wie möglich auszunutzen.

Das kann man auch im Gefängnis feststellen. Eine der eindrucksvollsten Szenen, die der Besucher sehen kann, ist dort der «Hofgang». In den Höfen, wo genug Platz ist, gehen ein Dutzend Männer parallel nebeneinander vorwärts und zurück, immer auf der gleichen Strecke. Es sieht so aus, als ob sie das Territorialprinzip respektieren. Niemand dringt in die Trasse eines anderen ein. Man wundert sich auch, daß der Hof nicht in seiner ganzen Länge genutzt wird. Das Vor und Zurück führt mit erstaunlicher Präzision und Automatik zu immer denselben Punkten, die aber nicht mit den Grenzen des Hofes zusammenfallen. In der Zelle hingegen, wo es wenig Platz gibt, wird nie eine gerade Strecke gewählt, sondern eine elliptische oder achtförmige, genau wie es die Tiere machen.

Staehelin, den Monica Holzapfel zitiert, berichtet von einem Beispiel stereotyper Motorik bei einer Geisteskranken, einer Schizophrenen: «An den Tagen, an denen sie sich in einem stark ausgeprägten katatonischen Autismus befand, ging sie regelmäßig vor dem Frühstück im Garten bei dem großen Eingangstor spazieren. Während einer viertel bis halben Stunde schien sie sich gezwungen zu fühlen, vor diesem Tor einige

Schritte nach rechts und einige Schritte nach links zu machen.» Die Kranke befand sich offensichtlich in dem Konflikt zwischen ihrem Verlangen, herauszukommen und ihre Freiheit wiederzubekommen, und dem Bedürfnis nach Sicherheit, das sie zur Heilstätte zurückzog.

Konflikte dieser Art sind auch bei den Käfigtieren häufig und erzeugen genau die gleichen Symptome. Das Kopfschaukeln, das man so oft bei Eisbären und angeketteten Elefanten sieht, weist die gleiche Erscheinung einer motorischen Reaktion auf, nur auf ein Minimum reduziert, quasi symbolisch. Das Tier manifestiert sein Unglück und seine Unangepaßtheit in elementarster Form. Statt Strecken abzulaufen, bleibt es auf einem Punkt stehen und wiegt stundenlang seinen Kopf hin und her. Es ist dies wohl die tragischste Form des Protests, die man kennt.

Die stereotype Bewegung kann man auch als Anpassungsverhalten sehen, das heißt, wie Mainardi es ausdrückt, «als eine normale Reaktion auf eine unnormale Situation». Aber wenn das Tier dieses Verhalten auch dann beibehält, wenn es mehr Platz bekommt oder freigelassen wird, dann gibt es keinen Zweifel mehr, daß wir uns einer Erscheinung des Wahnsinns gegenübersehen. Monica Holzapfel berichtet von solchen Fällen. Ein Beispiel, das für viele steht: Der Zoo von München kaufte einen Eisbären von einem Zirkus und brachte ihn in einem ziemlich weiten Gelände unter. Doch das Tier fuhr fort, einen kleinen Kreis zu beschreiben, der genau den Dimensionen seines früheren Käfigs entsprach. Die Stäbe seines alten Gefängnisses schienen sich vor ihm aufzurichten. Man mußte ihm das Essen in seinen imaginären Käfig werfen, sonst nahm er es nicht und wäre verhungert.

10

Das Ende einer Maus

Desmond Morris meint, der Zoo zeige viele Aspekte der Großstadt, der charakteristischen Lebensform der Überflußgesellschaft. Beide zwingen das Individuum zur Isolation oder in unfreiwillige Gemeinschaften. Noch überzeugender ist aber der Vergleich mit dem Gefängnis oder der psychiatrischen Anstalt. Da sind etwa in eigenen Abteilungen die Gefährlichen, die Unruhestifter, die Unbezähmbaren verwahrt, während die anderen, die Ruhigen, Unaggressiven, Angepaßten ohne Rücksicht auf ihre sonstigen Eigenschaften und Neigungen zusammenleben müssen.

In den Zoos sind die Raubtiere und einige besonders seltene Arten ebenfalls isoliert. Die anderen, die «gewöhnlichen» Tiere werden auf gut Glück gruppiert. Die Kriterien, nach denen die Tiere zum Zusammenleben gezwungen werden, tragen nicht im mindesten den vorherigen sozialen oder familiären Bindungen oder den natürlichen Strukturen Rechnung. Auch das abnorme Verhalten ist oft mehr noch die Folge von Unvereinbarkeiten zwischen Individuen, die man zusammenzwingt, als des Mangels an Raum.

Es gibt heute einige sehr interessante Erkenntnisse über die Folgen der Isolation. Am Institut für pharmakologische Forschung «Mario Negri» in Mailand, wohin mich Professor Luigi Valzelli eingeladen hatte, wurde ich Zeuge eines in dieser Hinsicht sehr aufschlußreichen Experiments. Die Wände des Laboratoriums waren tapeziert mit Käfigen voller weißer Mäuse und Ratten. In einigen waren Ratten und Mäuse zusammen. «Es gibt da keine Probleme», versicherte Valzelli, «sie verstehen sich ausgezeichnet.»

Das Experiment bestand nun darin, eine Ratte und eine Maus, die für vier Wochen isoliert gehalten worden waren, zusammenzubringen. Die erste Begegnung spielte sich in höflicher Form ab. Die beiden Tiere beschnüffelten sich und erkundeten dann den Käfig. Nach einigen Minuten griff die Maus die Ratte an. Unauffällig glitt sie zwischen ihre Hinterpfoten und biß sie in die Genitalien. Die Ratte machte einen Sprung, reagierte aber nicht. Kurz darauf kehrte die Maus an dieselbe Stelle zurück und biß noch einmal. Die Ratte schien es zu ertragen. Dann auf einmal, wie von plötzlicher Wut gepackt, griff sie die Maus an, die nicht zu fliehen versuchte und die Herausforderung annahm. Sie kämpften wie rasend, bildeten nur noch eine einzige weiße Kugel, die quer durch den Käfig flog. Der Kampf war ungleich, und die Maus unterlag schnell. Die Ratte zerfetzte sie in Stücke, und ich stand erschüttert vor diesem Ausbruch der Gewalt.

«Dieses Experiment», so kommentierte Valzelli, «demonstriert, daß die Isolation in besonderen Käfigen, während einer genügend langen Zeit (drei bis vier Wochen), bei ausreichender Nahrung und beliebig viel Wasser, bei den Albinoratten und -mäusen eine deutliche Verhaltensabweichung bewirkt: Es beginnt mit einer Hyperreaktivität auf Geräusch- oder Berührungsreize, dann folgt eine Steigerung der spontanen motorischen Aktivität, und es endet, im letzten Stadium der Isolationsperiode, mit dem Aufstellen der Haare und Hyperaggressivität. Wir haben auch beobachtet, daß das aggressive Verhalten sich jedesmal wiederholt, wenn eine andere Maus in den Käfig gesetzt wird: Nach einer äußerst kurzen Latenzpause entfesseln die beiden Tiere eine wahre Schlacht gegeneinander, die oft bis zum Paroxysmus geht. Es ist mit

Sicherheit weder der Hunger- noch der Sexualtrieb, der dieses Verhalten auslöst, auch nicht eine vorangegangene Erfahrung, die das Tier zum Kampf konditioniert hätte. Es scheint, als ob man sich einer dieser Gewaltreaktionen gegenübersieht, die völlig unmotiviert erscheinen, die aber in Wahrheit der Ausdruck einer tiefen Angst sind, erzeugt von einer nicht beherrschbaren Konfliktsituation. Das zeigt einen neurotischen Aspekt auf.

«Es ist in diesem Zusammenhang vielleicht interessant, daran zu erinnern», fügte Valzelli abschließend hinzu, «daß beim Menschen der Entzug aller äußeren Eindrücke – Entzug von Geruch, Berührung, von Hör- und Sichtbarem – in Verbindung mit Bewegungsunfähigkeit Erscheinungen erzeugt, die der Schizophrenie sehr nahe kommen.» Die künstlich erzeugte Hyperaggressivität durch Isolation manifestiert sich nicht nur bei Labortieren. Ich erhielt dafür eine Bestätigung am Institut für die Erhaltung der Natur in Banchory, in der Nähe von Aberdeen. Ein Ethologe, Dr. Albert Moss, ließ mich an einem Experiment teilnehmen, das dem von Mailand ähnlich war. Ein Birkhahn wird in ein geräumiges Freiluftgehege gelassen, nachdem man ihn vorher fünf Wochen in einem hängenden Käfig isoliert hatte. Kurz darauf bringt man einen anderen männlichen Vogel, der vorher in Gesellschaft einiger Artgenossen gelebt hatte, so wie es in der Natur üblich ist. Der erste stürzt sich sofort in blinder Wut auf den Neuankömmling, reißt ihm Federn aus und hackt auf ihn ein.

In Freiheit kommt so etwas nicht vor. Die Kämpfe der Männchen haben symbolischen Charakter, sind «ritualisiert», ohne Nahkampf, und auf eben dieser Basis der ritterlichen Auseinandersetzung vollzieht sich die Aufteilung des Territoriums. Aber hier scheint das isolierte Männchen die angeborenen Kampfregeln zu mißachten oder vergessen zu haben. Dr. Moss muß einschreiten, bevor der Neuankömmling, der offensichtlich von dem unerwarteten Empfang verwirrt und zu einer Reaktion unfähig ist, in Stücke gerissen würde.

Um mir zu demonstrieren, wie sehr die Isolierung die Persönlichkeit des Tiers verändert hat, bringt Dr. Moss ein Weibchen ins Gehege. Das Männchen greift es an. Das Weibchen kauert sich auf den Boden und spreizt die Flügel. Diese Haltung, die üblicherweise jeder Paarung vorangeht, bleibt ohne Entgegnung. Das Weibchen vollzieht die Geste der Unterwerfung, aber das Männchen fährt fort, es mit dem Schnabel zu hacken.

In der Natur ruft die Unterwerfungsgeste automatisch den Mechanismus der Aggressionshemmung hervor. Das ist ein unabänderliches Gesetz bei allen Tiergattungen. Wenn es bei diesem Vogel nicht funktioniert, dann ist das ein Zeichen, daß sein Kontrollmechanismus gestört ist. Die Isolation hat in sein instinktives Stammeserbe eingegriffen. Das Tier hat seine Identität verloren: Es ist asozial geworden.

Es genügt bereits, ein Tier aus seiner sozialen Gruppe herauszureißen, um es im tiefsten zu desorientieren und sein Verhalten völlig zu ändern. «Wenn ich die (Hamadrya-)Paviane im Londoner Zoo sehe, wie sie ständig den Kopf gegen die Gitterstäbe schlagen, mit dem einzigen Effekt, daß sie sich weh tun, dann sage ich, daß es sich um eine Neurose handelt», bemerkt Robert Ardrey. «Und warum? Weil der männliche Pavian ein Chef ist, wie der Löwe. Er bewohnt trockene Wüstengebiete, immer von drei, vier Weibchen umgeben, immer in Bewegung. Und hier ist er nun – allein, mit einer einzigen Perspektive: dem Wahnsinn.»

Im Naturzustand lebt das Tier in einer Gruppe und macht einen Sozialisationsprozeß durch, der ihm erlaubt, Verhaltensweisen zu erlernen, die für seine Art unschädlich sind. Es lernt, seine Aggressivität zu kontrollieren und seine zerstörerischen und egoistischen Instinkte zu unterdrücken. Wenn es von seiner Gruppe abgeschnitten wird, verliert es diese Fähigkeiten.

Die Isolation hat unheilvolle und oft irreversible Folgen, wenn sie in der frühen Kindheit erfolgt. Bowlby berichtet von Erfahrungen mit Affen im Verlauf der ersten Lebensmonate.

Ein Kleines, das während der ersten drei Monate isoliert wird, zeigt schwere Störungen, wenn es anschließend mit anderen Affen zusammengebracht wird. Es rührt sich nicht und verweigert das Essen. Immerhin, nach ein oder zwei Monaten kann es vollständig wiederhergestellt werden. Wenn es aber sechs statt drei Monate isoliert wird, kann es sich nicht mehr erholen. Eine Isolierung von mehr als einem Jahr führt eine Verhaltensstörung von totalem Ausmaß herbei. Wenn das Tier in eine neue Umgebung gebracht wird, kriecht es in sich selbst zusammen, wiegt den Kopf mechanisch hin und her, klammert sich an jeden beliebigen Gegenstand. Es kann in diesem Zustand zwei oder drei Jahre verharren. Dieses Verhalten ist Ausdruck der Furcht, die das Junge vor allem Neuen empfindet, vor jedem Lebewesen, einschließlich seiner Artgenossen. Die Isolation bewirkt, daß das Tier den Sinn für die Zugehörigkeit zu seiner eigenen Art verliert.

11

Ein Hitler unter Affen

W. M. Russell empfängt mich in seinem Haus in der Nähe von London. Er ist Professor der Soziobiologie und Autor eines wichtigen Buches: «Gewalt, Affen und Menschen». Seine Frau nimmt an der Unterhaltung teil. Es ist ein Charakteristikum der Ethologen, daß sie untereinander heiraten. Mann und Frau betreiben die gleichen Forschungen. Dabei ist es im allgemeinen der Mann, der sie dann publiziert, ganz im Sinn der dominanten Rolle, die in der Natur im allgemeinen das Männchen gegenüber dem Weibchen einnimmt.

Russell führt das Gespräch lebhaft und geistreich. Er hat eine neue Krankheit entdeckt – das «Sardinensyndrom» –, die den Menschen ergreift, der in den übervölkerten Städten zu leben gezwungen ist. Die Lieblingsobjekte von Russells Forschungen aber sind die Affen. «Die Affen sind friedfertig», sagt er mir, «solange sie in ihrer natürlichen Umgebung leben und über einen ausgedehnten Raum verfügen. Gewalttätige Handlungen kommen selten vor. Aber beobachten wir sie im Zoo, unter den Bedingungen der Übervölkerung. Obwohl sie Nahrung im Überfluß haben, erzeugt die Übervölkerung in ihnen einen Zustand äußerster Reizbarkeit. Ständig brechen Konflikte aus, die manchmal auch tödlich enden. Im Londoner Zoo gab es früher wahre Massaker. 1920 wurden von dreiunddreißig Weibchen dreißig getötet. Die drei Kleinen, die in jenem Jahr geboren wurden, starben eines gewaltsamen Todes. Aber die Steigerung der Aggressivität ist nicht einmal der einzige Effekt der Übervölkerung. In Freiheit bilden die Affen eine hierarchische Gesellschaft, an deren Spitze sich der Chef befindet. Es folgen die Mittelklassen, dann die Parias. Man könnte meinen, der Chef sei der Aggressivste der Gruppe. Nun, das ist falsch. Es sind genau die Freundlichsten, die Sozialsten, die den höchsten Rang erwerben, während die Aggressivsten sich am Ende der Hierarchieleiter finden. Wenn aber die Tiere im Zoo leben, wo die Übervölkerung herrscht, dreht sich die Situation um. Hier ist es das brutalste und aggressivste Individuum, das die Gruppe beherrscht, sozusagen ein *Hitler*.

Im Zoo von Bristol hat sich das an einem interessanten Fall bestätigt. Dort lebten vierzig Affen auf ziemlich engem Raum. Zwei Chefs hatten sich an die Spitze gesetzt – der beliebteste und der brutalste. Als man die Population halbierte, entdeckte man, daß man damit auch die Hierarchie verändert hatte: Der brutale Chef wurde sofort abgesetzt.

Lorenz berichtet über Katzen, die in überfüllten Käfigen gehalten wurden: «Je überfüllter der Käfig ist, desto weniger relative Hierarchie gibt es. Schließlich entwickelt sich ein Tier zum Despoten. Einige Tiere lassen sich ständig von den anderen mitleidlos drangsalieren und zur Verzweiflung treiben. Sie zeigen regelrecht neurotische Symptome verschiedenster Art. Der Rest der Käfiginsassen verwandelt sich in einen bösartigen Mob, die Spannung unter ihnen läßt nie nach, sie sehen niemals zufrieden aus, ständig wird irgendwo gefaucht, geknurrt und sogar gekämpft. Alles Spiel erstirbt, jede Bewegung und Tätigkeit wird auf ein Minimum herabgesetzt.»

Das bekannteste Experiment über die Auswirkungen der Übervölkerung wurde von Professor John Calhoun am Institut für geistige Gesundheit in Washington an Mäusen durchgeführt.

Calhoun ist ein Mann von jugendlicher Erscheinung, sehr

lebhaft, mit hoher heller Stimme. Er begleitet mich in sein «Mäuse-Utopia». Das ist ein Raum von zwei mal zwei Meter in einem Schuppen mitten auf freiem Feld. Die Szene, die sich meinen Augen bietet, ist grauenvoll. Das Zimmer wimmelt von weißen Mäusen. Hunderte bewegen sich auf den Metallgittern an den Wänden, andere Hunderte liegen auf dem Boden, unbeweglich, mit gesträubtem Fell, eine an die andere gepreßt, scheinbar leblos.

«Dieses Experiment», erzählt Calhoun, «wurde aus einer Frage geboren: Was würde geschehen, wenn wir ein Schlaraffenland schaffen würden, in dem die Mäuse Essen und Trinken im Überfluß zur Verfügung haben und frei sind, jedes ihrer Bedürfnisse zu befriedigen, mit Ausnahme eines einzigen – nämlich diesem utopischen Universum zu entfliehen? Wir fingen damit an, daß wir vier Männchen und vier Weibchen in den Raum setzten. Sie begannen sich sofort zu vermehren, bis sie die Zahl von 150 Individuen erreicht hatten, die optimale Populationsgröße für den verfügbaren Raum.» Die 150 Mäuse bildeten Gesellschaften mit genauer hierarchischer Struktur, so wie diese Tiere das normalerweise tun. Die Kämpfe hatten ritualisierten Charakter, und Kinder wurden mit der größten Sorgfalt herangezogen.

«Aber die Mäuse vermehrten sich weiter», fährt Calhoun fort, «und so entstand ein Bevölkerungsüberschuß. Sie hatten immer noch reichlich Nahrung und Wasser, es gab auch noch genügend Platz, aber was zu fehlen begann, war die Möglichkeit, sich in das soziale Gefüge einzuordnen. Die Neuen begannen, den Alten Rechte streitig zu machen, aber sie wurden in den meisten Fällen besiegt und verjagt.»

So hatten sich also die beiden sozialen Gruppen gebildet, die ich vor Augen hatte. Auf den Wandgittern befanden sich die Sieger, die Reichen, die Privilegierten – auf dem Boden lagen die anderen: die Eindringlinge, die Parias. Trotz der enormen sozialen Spannungen fuhren die Mäuse fort, sich zu vermehren, bis sie die unglaubliche Zahl von 2200 Individuen oder «bodies», Körpern, wie Calhoun sich ausdrückte, erreicht hatten.

Die schwersten psychologischen Schädigungen erlitten die Neugeborenen. Calhoun berichtet: «Sie sind zahlreichen Kontakten mit den Erwachsenen ausgesetzt, und diese Überreizung in Verbindung mit der wachsenden Aggressivität der Mütter blockiert die normale Funktion des Zentralnervensystems. Die Folge ist, daß diese Tiere, wenn sie heranwachsen, keinerlei aggressives Verhalten entwickeln, niemals in Wettbewerb mit den Großen treten und nie den Versuch machen, einen normalen Geschlechtsakt zu vollziehen. Das sind Tiere, die physiologisch schlaff, willenlos, apathisch sind, ohne Antrieb, an etwas teilzunehmen oder sich für irgend etwas zu interessieren.»

Die Zahl der Individuen, die diese Anzeichen aufweisen, steigt mit dem Anwachsen der Population. Praktisch alle Mäuse, die im letzten Stadium des Experiments geboren wurden, schienen von den ersten Tagen der Geburt an passiv. «Sie zogen sich in den Anfang des Lebens zurück.» So lagen sie nun auf dem Boden, eine an die andere gedrängt, in vollkommener Passivität. Sie hatten nicht nur jegliche soziale oder sexuelle Aktivität aufgegeben, sondern sie aßen nicht einmal mehr. Neben diesem allgemeinen Phänomen manifestierten sich andere, nicht minder beunruhigende. Eines davon war die Bildung von kriminellen Banden, den «Straßenräubern», wie Calhoun sie nannte. Von unstillbarer Erregung ergriffen, attackierten und vergewaltigten sie alle Weibchen, die ihnen in den Weg kamen. Sie überfielen die Nester und brachten die Jungen um. Die Kindersterblichkeit erreichte 96 Prozent.

Noch eine weitere Erscheinung stellte sich ein: Die Weibchen, die an den Wänden lebten und die Gunst und Protektion des männlichen Chefs genossen, schlossen sich den Banden der «Straßenräuber» an, obwohl sie meist selbst von ihnen vergewaltigt und getötet wurden.

Mainardi bietet mir noch ein schnelles und bezeichnendes

Beispiel für die Auswirkungen der Übervölkerung an: Er setzt zwei männliche Hamster in einen Käfig. Nachdem sie sich eine Weile betrachtet haben, nehmen sie ihre jeweiligen Beschäftigungen wieder auf. Nach und nach setzt Mainardi vier weitere Hamster in den Käfig. Binnen Sekunden stürzen sich die Tiere aufeinander, und es entwickelt sich ein grausamer Kampf. In der Tierwelt ist die Übervölkerung ein Produkt der Gefangenschaft. In Freiheit kommt sie, mit ganz wenigen Ausnahmen, nicht vor. Die Tiere verfügen über Mechanismen, mit denen sie die Geburten regulieren. Es gibt physiologische Mechanismen, die automatisch wirken, und soziale, die die Frucht jahrhundertelanger Anpassung sind.

Nach Wynne-Edwards haben alle sozialen Verhaltensregeln der Tiere, von der Aufteilung des Territoriums bis zu den Rangkämpfen, nur das eine Ziel: die Geburten zu regulieren und damit das Gleichgewicht zwischen der Population und den natürlichen Ressourcen zu erhalten. Die Gefangenschaft sprengt daher einen Mechanismus, den das Tier im Verlauf von Jahrtausenden erworben hat und der ein Element seiner individuellen und sozialen Identität geworden ist.

Im Forschungsinstitut von Otto Koenig, in der Nähe von Wien, kann man sich mit einem einzigen Blick die Unterschiede im Verhalten gefangener und freier Tiere vor Augen führen. In einer Voliere befindet sich eine Kolonie weißer Reiher; eine andere Kolonie nistet direkt auf dem Dach der Voliere. Die ersteren sind in Gefangenschaft, die anderen in Freiheit. Außerhalb der Voliere verhalten sich die Reiher wie monogame Vögel, die ihr ganzes Leben einem Partner treu bleiben. Ihre Gesellschaft baut sich auf stabilen und geordneten Familienverhältnissen auf. In der Voliere passiert das genaue Gegenteil. Die gefangenen Reiher haben nichts zu tun, weder Futter zu suchen, da es ihnen im Übermaß gebracht wird, noch Nester zu bauen, da diese ihnen schon vorgefertigt werden.

Dieser Zustand des Müßiggangs hat zum Anwachsen der Kolonie und schließlich zur Übervölkerung geführt. Die sexuelle Treue ist verschwunden, und auch die Inzesttabus sind gefallen, so daß sich Vater und Tochter, Schwester und Bruder, Sohn und Mutter paaren. Nicht nur das, es geschieht auch, daß sich Männchen miteinander verbinden und wie Mann und Frau zusammenleben. Die Weibchen tun das gleiche und suchen, Formen von «Gruppensex» einzuführen. Die Kolonie ist ganz und gar aufgelöst, jede Beziehung ist zufällig und unverbindlich. Dieses Stadium des völligen sozialen Zusammenbruchs vollzieht sich nicht auf einen Schlag. Es ist das Endergebnis eines Prozesses, der über viele schwere und oft tödliche Kämpfe führt, in denen jedes Individuum bestrebt ist, sich eine Rolle in der künstlichen Gesellschaftsordnung des Käfigs zu verschaffen.

Wie wir gesehen haben, bilden die gesellig lebenden Tiere strenge Rangordnungen, in denen nach der Austragung ritualisierter Kämpfe jedes Individuum seinen genauen Platz hat. Diese hierarchische Stufenleiter wird von den Ethologen mit den Buchstaben des griechischen Alphabets gekennzeichnet. Das wichtigste Individuum, der Chef, ist das «Alpha-Tier», dasjenige, das den letzten Platz einnimmt, ist «Omega». Im Naturzustand wird diese Sozialstruktur respektiert, da sie ihre eigene Rationalität hat. Ihre Funktion ist es, den Zwekken der Erhaltung und Fortpflanzung der Art zu dienen. So sind es die ältesten Tiere, die die Gruppe führen, da sie am meisten Erfahrung besitzen, so sind es die tüchtigsten Männchen, die den zweiten Rang einnehmen, da sie in der Lage sind, die Weibchen und die Jungen zu verteidigen, und so fort.

Im Käfig hat diese Ordnung keinen Sinn. Hinzu kommt, daß die Tiere oft aus verschiedenen Gruppen oder Ländern stammen und nun gezwungen sind zusammenzuleben. Daraus entstehen oft schreckliche Kämpfe oder psychische Spannungszustände, die den Tod zur Folge haben können. Paul de la Panouse, Besitzer des «Afrikanischen Reservats» von Thoiry in Frankreich, erzählt folgende Episode: «In dem Graben meines Zoos hielt ich vier Bären aus Tibet zusammen mit Eisbären.

Nach und nach wurde das Territorium der Tibet-Bären immer kleiner, es wurde so klein, daß am Ende alle vier sich in die Ecken drückten, mit dem Rücken zur Wand, jeden Moment des Tages in Bereitschaft, sich zu verteidigen. Vollständig von den Eisbären beherrscht und gezwungen, in der ständigen Furcht vor ihnen zu leben, gaben sie sich auf und starben.»

Man hat beobachtet, daß die Spannungen wegen der Rangordnung in Gefangenschaft sehr viel stärker sind als in Freiheit. So begegnet jedes neuankommende Tier im Käfig dem Mißtrauen und der Eifersucht der anderen Insassen. Vor allem muß es mit dem dominanten Individuum der Gruppe rechnen. Dieses nimmt gewöhnlich eine provokative Haltung ein. «Wir haben oft beobachtet», schreibt Jacques Nouvel, Direktor des Zoologischen Gartens von Paris, «daß der Stärkere sich langsam dem Schwächeren nähert, dieser sich rückwärts gehend zurückzieht und sich schließlich mit dem Rücken zur Wand in einer Ecke findet. Wenn der Stärkere weiter vorrückt, ist es im allgemeinen der Schwächere, der zuerst droht oder angreift. Und dann bekommt er fast immer eine brutale Antwort.»

Dramatische Spannungen spielen sich auch innerhalb offensichtlich homogener Gruppen ab. Das geht immer auf Kosten der «Omegas», das heißt derjenigen, die auf den untersten Stufen der Hierarchie stehen. De la Panouse erzählt zu diesem Thema noch eine Geschichte: «Bei den Gnus gab es ein Weibchen, Brigitte, die den Sündenbock darstellte. Das hinderte ein Männchen nicht daran, ihr ab und zu einen Besuch abzustatten. So wurde sie schwanger. Die Gnus gebären mitten in der Herde, von allen anderen umgeben. Brigitte wollte um jeden Preis ihr Kleines inmitten der Herde zur Welt bringen, wurde aber immer vertrieben. Das war einer der Fälle, wo wir uns genötigt sahen einzugreifen: Bei der Niederkunft stellten sich die Wächter um sie herum, um die Herde zu ersetzen, und alles ging sehr gut. Das Kleine wurde von der Herde akzeptiert, die Mutter aber nicht. Die arme Brigitte starb.»

Im Käfig sind die Omegas den Schikanen und Brutalitäten der anderen ausgeliefert. In der Natur passiert das nicht. Die Omegas können sich in einer ausreichenden Distanz von den Dominanten halten und sich ihrem Zorn entziehen. Ellenberger vergleicht die Situation der Omegas im Käfig mit der «eines braven schüchternen Mannes, der in einer Zelle mit hartgesottenen Kriminellen eingesperrt ist. Tatsächlich gleicht nichts so sehr dem Geschehen in einem Affenkäfig wie die Herrschaft, die im Gefängnis von den Perversesten über die anderen ausgeübt wird, ein System, das sich in allen schlecht geführten Gefängnissen spontan entwickelt.»

Und noch einmal Konrad Lorenz: «Fast fünf Jahre in Kriegsgefangenenlagern lehrten mich, daß übervölkerte menschliche Gemeinschaften die Symptome von übervölkerten Wolfs-Katzen-Ziegen-Mäuse-Ratten- oder Kaninchengemeinschaften bis ins letzte Detail widerspiegeln. Alle Unterschiede sind nur artspezifisch; die wesentlichen Triebkräfte der sozialen Wechselwirkung und Organisation sind im Prinzip identisch, es besteht eine echte, auf Abstammung beruhende Verwandtschaft zwischen Mensch und Tier durch die ganze Wirbeltierreihe hindurch... Die geistige Gesundheit des einzelnen wird gefährdet und schließlich gestört, wenn die verbliebene *Anpassungsfähigkeit* zu weit über jene Grenze beansprucht wird, welche die evolutionsbedingte *Angepaßtheit* setzt.»

12
Die Erotomanen

Man kann aus zwei Gründen liebeskrank werden: aus Mangel und aus Überfluß an Liebe. Genau das widerfährt den Tieren in Gefangenschaft. Die Tollheit aus Überfluß stellt sich bei denen ein, die in Gruppen leben. Es sind die Männchen, die verrückt werden. Die Weibchen sind die Opfer des männlichen Wahns. Im Käfig beginnt die Brunstzeit früher und endet später als in Freiheit. In dieser langen Periode entwickeln die Männchen eine übersteigerte Sexualität. Das zeigt sich besonders bei den Hirschen, den Gemsen, den Steinböcken, den Bisons und den Wildschweinen.

Morris nennt das den «Zeitvertreib-Sex». Die Langeweile einerseits und die vielen Stimulanzien des Zoos, die Gerüche, die aus den benachbarten Käfigen dringen, und die Drangsal der Übervölkerung erzeugen beim Männchen eine abnorme sexuelle Spannung. Infolgedessen erlebt man eine ständige Jagd auf die Weibchen, oft in einer Form, die man, auf den Menschen übertragen, als Sadismus definieren müßte. Wenn das Weibchen in Hitze ist, akzeptiert es gutmütig die Bisse, die Überfälle, die Brutalität des Männchens. Seine sexuelle Erregung wird dadurch noch angestachelt. Wenn das nicht der Fall ist, verlangt ihr hormoneller Zustand, daß sie sich dem Männchen verweigert. Das führt zu wahren Schlachten zwischen den Geschlechtern, etwas, was in der Natur nicht vorkommt, da der Ehrenkodex es dem Männchen verbietet, ein Weibchen zu mißhandeln. In diesen Kämpfen unterliegt das Weibchen nahezu immer.

Die dramatischsten Episoden spielen sich bei den Huftieren ab: «Wenn wir Hirsche und Hirschkühe in einen engen Käfig sperren», erzählt Ermanno Bronzini, «geraten die männlichen Tiere, die von keiner Beschäftigung und keinem anderen Geschehen abgelenkt werden, in höchste Erregung, wenn die Weibchen ihre Menstruation bekommen, und manifestieren ihre Hypersexualität in einer Weise, die häufig mit dem Tod des Weibchens endet, da es einem Übermaß an Aggressivität ausgesetzt ist.»

Vaivre berichtet von einem Hirsch in erotischer Raserei, der die Weibchen mit einer derartigen Brutalität besprang, daß viele an den Wunden starben, die er ihnen zufügte. Paul de la Panouse erzählt von ähnlichen Fällen bei Antilopen: «Ein befruchtetes Weibchen bewahrt noch drei Tage lang den spezifischen Geruch, der das Männchen anzieht. Wenn es zuläßt, daß es noch einmal gedeckt wird, besteht das Risiko, daß das Ei Schaden nimmt. Instinktiv verweigert es sich darum. Da jedoch der Geruch das Männchen weiterhin anzieht, greift er es an und tötet es. In einem Zoo ist das ganz normal.» Monica Holzapfel berichtet von einer Elchkuh, die von einem Männchen verfolgt und in eine Ecke gedrängt wurde, aus der sie nicht herauskam. Der Elch besprang sie und tötete sie danach.

Die Hypersexualität ist ein Produkt der Gefangenschaft. Es ist dasselbe wie beim Menschen: Der Sex wird bei Gefangenschaft zur Obsession. Nur mit dem Unterschied, daß die Tiere in Freiheit, anders als der Mensch, ein sehr ruhiges Sexualleben führen. So hat Georges Schaller, der ein Jahr bei den Gorillas im Kongo verbrachte, nur eine geringe Zahl von Kopulationen beobachtet. In den meisten Fällen waren es die Weibchen, die den Männchen zu verstehen gaben, daß sie keine Lust hatten, sich zur Verfügung zu stellen.

«Es kam vor», schreibt Schaller, «daß die Männchen ein

ganzes Jahr lang keinen sexuellen Kontakt hatten. Tatsächlich näherten sie sich den Weibchen nur, wenn diese ihnen ihre Empfangsbereitschaft anzeigten. Häufig waren sie schwanger oder stillten. Manche Experten behaupten, daß Affen und Anthropoiden deshalb über lange Perioden in Gruppen zusammenleben, um den Männchen Beziehungen zu empfänglichen Weibchen möglich zu machen. Nach dem, was ich beobachtet habe, scheint es im Gegenteil so zu sein, daß die Gorillas auch dann in dauerhaften Gruppen zusammenbleiben, wenn es keine empfänglichen Weibchen gibt. Das beweist, daß der Sex so gut wie keine Rolle spielt bei den Gorillas. Ich hatte immer den Eindruck, daß die Gorillas zusammenleben, weil sie sich durch gegenseitige Sympathie einander verbunden fühlen.»

Bei einigen Affenarten, zum Beispiel den Pavianen, sieht es so aus, als ob sie der Sexualität große Wichtigkeit beimessen. In Wirklichkeit handelt es sich nicht um Geschlechtsverkehr, sondern um Akte der Dominanz und Unterordnung. Der Überlegene besteigt den Rangniederen, der weiblich oder männlich sein kann, ohne daß jedoch ein echter Koitus stattfindet. Der angedeutete Sexualakt dient dazu, die Aggressivität des Stärkeren zu dämpfen. «Das macht die Freizügigkeit des Sexualverhaltens verständlich», bemerkt Delaveleye. «Das Individuum bringt die sexuelle Komponente in eine nicht sexuelle Situation ein, und zwar nicht um erotische Befriedigung zu erlangen oder zu Fortpflanzungszwecken, sondern um ganz andere Vorteile zu erreichen. Man könnte in menschlicher Terminologie sagen, daß es sich ‹prostituiert›.»

Das heißt, daß der Sexualakt seinen ursprünglichen Sinn verloren hat und zu einem gesellschaftsstabilisierenden Ritual geworden ist. Hingegen ist die Hypersexualität, die sich bei den gefangenen Tieren zeigt, ganz offensichtlich eine Verhaltensstörung. Was, außer Wahnsinn, kann Sexualakte veranlassen, die zum Tod führen und gegen das oberste Gebot aller Tiergattungen verstoßen, das Überlebensprinzip?

Die Tiere hingegen, die allein leben müssen, verfallen dem Wahnsinn aus Liebesmangel. Ihr Erregungsstau, der durch die erzwungene Untätigkeit, die Umgebung, die Einsamkeit verursacht wird, sucht den einzigen Ausweg, der übrigbleibt: die Onanie. In der ganzen Tierwelt findet man diese Praktik ausschließlich bei gefangenen und domestizierten Tieren. Es existiert übrigens eine reiche und sehr vielfältige Dokumentation über die Onanie bei Tieren. Es genügt, einen Zoo im Frühling zu besuchen, um die unglaublichsten Dinge zu sehen. Der Elefant masturbiert mit seinem Rüssel, der Löwe mit den Pranken, der Affe mit Füßen und Händen, die Delphine reiben ihren Penis gegen den Rand ihres Schwimmbeckens oder benutzen Wassergüsse, die Kaninchen führen den Penis ins eigene Rektum ein. Man hat einen Bären beobachtet, der seinen Penis mit den Hintertatzen rieb, während er dem Koitus zweier Gefährten im Käfig zusah.

Hier eine Beschreibung, zitiert bei Blin und Favreau, die Dasling von dem Orgasmus eines Hirsches gibt: «Er kam näher, senkte seinen Kopf und scheuerte seine Geweihspitzen auf dem Gras. Nach fünf bis sieben Sekunden trat sein Penis erigiert hervor. Das Tier bewegte nur leicht die Rute, nicht aber das Becken. Nach weiteren fünf Sekunden erfolgte eine Ejakulation, so daß alles zusammen nach etwa zehn bis fünfzehn Sekunden vorbei war.»

Fälle von Onanie hat man hauptsächlich bei männlichen Tieren beobachtet. Bei Weibchen sind sie selten. Aber bei den Affen benutzen die Weibchen, außer dem Finger, auch Früchte, Stöcke, Glasscherben oder Blumenstiele. Doch die Onanie bringt nicht die volle Befriedigung. Deshalb versuchen viele, wie besessen, sich mit jedem Gegenstand in Reichweite zu paaren. Morris berichtet von einer männlichen Hyäne, die es mit der Schüssel versuchte, in der ihr das Essen gebracht wurde, und von einem Waschbären, der ein gepreßtes Strohbündel bestieg.

Der sexuelle Wahn führt auch dazu, daß sich Tiere völlig

verschiedener Gattungen paaren. Die Skala ist weit und vielfältig, besonders bei den Haustieren. Man hat sexuelle Beziehungen zwischen Kaninchen und Hühnern beobachtet, zwischen Hunden und Gänsen, Katzen und Kaninchen, Katzen und Hunden, Hengsten und Kühen, Stieren und Stuten, Schwänen und Gänsen, Pfauen und Enten, Enten und Hühnern, Schafen und Rindern, Bisons und Rindern, Hunden und Wölfen, Lachsen und Forellen. Monica Holzapfel erzählt von einer Schimpansin, die einen Kater als Sexualpartner hatte, und von einem Gorillaweibchen, das eine dauerhafte Beziehung mit einem Hund einging.

Blin und Favreau schildern, wie ein Makakenweibchen von einem Hund in die Sexualität eingeführt wurde: «Eines Tages war ein kleiner Bastardhund ins Gehege geraten... Als er herankam, verteilten sich alle Affen auf die Bäume und schnatterten bedrohlich. Aber schließlich stieg Maud, ein Makakenweibchen, auf die Erde herunter und präsentierte sich in der Kopulationshaltung. Der Kleine bestieg sie nach Hundeart, und es gelang ihm, den Penis ein Stückchen weit einzuführen. Maud zeigte eine deutliche Befriedigung, und fortan stieg sie immer vom Baum herunter, wenn ein Hund ins Gehege kam, und bot sich ihm an.» Im Zoo von Schönbrunn hat man den Fall entdeckt, daß ein Pfau, der mit Schildkröten aufgewachsen war, sich mit einer Schildkröte zu paaren versuchte, als er geschlechtsreif wurde.

Das letzte Kapitel der sexuellen Anomalien betrifft die Homosexualität. In Seewiesen, dem berühmten Max-Planck-Institut für Verhaltensphysiologie, an dem Konrad Lorenz so viele Jahre gearbeitet hat, hat einer seiner Mitarbeiter, Dr. Fritz Schutz, homosexuelle Enten «erschaffen». «Ich habe festgestellt», sagte mir Schutz, «daß männliche Enten, die man hundert Tage ohne Kontakt mit weiblichen Enten aufzieht, homosexuelle Neigungen entwickeln. Wenn man sie in Freiheit setzt, suchen sie eindeutig männliche Gesellschaft.»

Die Homosexualität ist oft irreversibel. Sie wird durch die

Gefangenschaft und die Abwesenheit von Weibchen hervorgerufen. Es treten Fälle bei verschiedensten Arten auf, besonders bei Affen und Vögeln. Bei Vögeln im Käfig kann man zum Beispiel oft sehen, daß der Schwächere Unterwerfungsgesten vollzieht, indem er die Paarungshaltung einnimmt. Wenn der Stärkere davon Gebrauch macht, kann sich ein homosexueller Kontakt ergeben. Allerdings werden solche Beziehungen nicht lange aufrechterhalten, und es genügt, die Männchen zu trennen, damit sie sich wieder den Weibchen zuwenden.

Man hat auch bei weiblichen Tieren Homosexualität beobachtet, besonders bei Affen, Löwinnen, Ziegen, Kaninchen, Kühen, Murmeltieren und Ratten. Es scheint, daß die sexuelle Erregung, das heißt ein gewisser Aggressionsstau, in den Weibchen männliche Haltungen erzeugt. Bis vor kurzem wurde die Homosexualität bei Tieren als Anomalie angesehen. Heute überwiegt die gegenteilige Ansicht: Man hält sie für normal. Das ist zum Beispiel Monica Holzapfels Meinung. Man hat erst in jüngster Zeit entdeckt, daß bei einer Gattung Homosexualität unter bestimmten Bedingungen auch in der Natur vorkommt, und zwar bei den Straußen. Das ist bisher der einzige Fall, aber er gilt als signifikant.

«Es scheint gesichert zu sein», erklärt Mainardi, «daß diese Erscheinung bei den Straußen als Folge einer übermäßigen Vermehrung auf einem Territorium auftritt, die zu starken Spannungen unter den männlichen Tieren führt.» Nach Sauer, der sich mit diesem Fall aus ethologischer Sicht befaßt, entwickle sich die Homosexualität zu dem Zweck, «den am stärksten sexuell motivierten Männchen eine Triebabfuhr zu ermöglichen und damit ein aggressives Verhalten zwischen den Männchen zu unterdrücken oder zu blockieren». Es handle sich insofern um eine normale Antwort auf einen übermäßigen Umweltdruck.

Aber es führt nicht weiter, darüber zu diskutieren, ob Homosexualität unter Tieren normal sei oder nicht. Ein Tier hat in Gefangenschaft jedenfalls keine freie Wahl, welche sexuellen

Beziehungen es eingehen will, und sein Verhalten kann somit auch nicht auf umweltbedingte Gruppenspannungen zurückgeführt werden wie im Fall der Sauerschen Strauße. Hier in Gefangenschaft ist es Gewalttätigkeit, die das Tier erleidet, oder doch eine Folge der Gewalt, der es unterworfen ist, seit es zum Käfigleben gezwungen wurde. Wie wir gesehen haben, wird das Sexualverhalten von den Erfahrungen der frühen Kindheit geprägt. Es ist der Mensch, der abnormes Sexualverhalten bei Tieren «erschafft», indem er sie aus ihrer Umgebung reißt, sie nach seinem Belieben und seinem Interesse manipuliert und ihr ganzes Wesen verändert. So gesehen kann keine der geschilderten sexuellen Praktiken als normal betrachtet werden.

13

Die kannibalischen Mütter

Der Zoo von Zürich gilt als einer der besten der Welt. Er wurde 35 Jahre lang von Heini Hediger geleitet, der zweifellos einer der hervorragendsten Kenner des Verhaltens von Tieren in Gefangenschaft ist. Der Zoo liegt idyllisch auf dem Zürichberg. Hediger hat die Käfige und Gehege so angeordnet, daß alles gleichermaßen funktionell und freundlich anzuschauen ist. Soweit irgend möglich, hat er eine natürliche Umgebung nachgeahmt und essentiellen ökologischen Anforderungen Rechnung getragen. So leben zum Beispiel die Zebras mit den Gnus zusammen, wie es in der Savanne der Fall ist. In der Einrichtung wurde dafür gesorgt, daß Monotonie vermieden wird, daß die Tiere Gelegenheit und Anregung zum Spielen haben und daß sie ihren natürlichen Betätigungen wie Scharren oder Graben nachgehen können.

Theoretisch präsentiert sich der Züricher Zoo also als ein ideales Gefängnis, das die psychischen Bedürfnisse der Tiere und ihre angeborenen Neigungen berücksichtigt. Aber nicht einmal hier entkommen die Tiere der Neurose und dem Wahnsinn.

Ich selbst wurde eines Tages Zeuge eines leidvollen Dramas. Die Familie der Gibbons lebt in einem geräumigen Glashaus, das mit Hängeseilen und Trapezen, Balken, Stangen und Schnüren reichlich ausgestattet ist, um den Affen den verlorenen Wald zu ersetzen. Die Familie bestand damals aus Vater, Mutter, einem großen Sohn und einem kleinen, der erst wenige Tage alt war und von der Mutter noch am Hals getragen wurde. Einige Wochen zuvor hatte die Gibbonmutter schon einmal einen Sohn geboren, aber sie hatte ihn nicht angenommen. Hediger hatte deshalb das Baby aus dem Käfig holen und von einem Wärter aufziehen lassen. An diesem Tag nun beschloß er, jenen Kleinen in das Affenhaus zurückzubringen, um zu sehen, ob die Familie ihn jetzt akzeptieren würde. Der Kleine hielt eine Decke gegen seine Brust gedrückt. Er flüchtete sofort in eine Ecke und begann, den Kopf gegen die Glaswand zu schlagen. Es nützte nichts, daß der Wärter ihm gut zusprach, um bei ihm den Zustand von Panik und Verzweiflung zu mildern.

Die Gibbonfamilie hatte die Rückkehr des Kleinen zunächst ohne Reaktion aufgenommen. Dann sprang der Vater auf den obersten Balken und sträubte das Fell, um größer und drohender zu erscheinen. Der Kleine hob den Kopf, riß mit dem Ausdruck des Schreckens das Mäulchen auf und rannte, die Decke über sich ziehend, fluchtartig in die entgegengesetzte Ecke. Dort schlug er wieder den Kopf gegen die Wand, in gleichmäßigem, monotonem Rhythmus. Unmittelbar darauf stürzte sich die ganze Familie auf ihn, allerdings ohne ihm weh zu tun, aber sie beobachteten ihn starr mit gesträubten Haaren. Der arme Kleine floh von einer Ecke in die andere, immer seine Decke um sich ziehend, in wachsender Furcht. Nach zehn Minuten gab Hediger dem Wärter ein Zeichen, das Affenbaby herauszuholen. Das Experiment war gescheitert.

Man beurteilt oft die Qualität eines Zoos nach der Zahl der Geburten, die dort stattfinden. Wenn es viele sind, ist der Zoo gut, und umgekehrt. Nach Alfredo Todisco «demonstrieren die Tiere in schlechten Zoos ihren Protest gegen die Gefangenschaft mit einem Mittel, das ebenso beredt wie jammervoll ist: Sie verweigern Liebe und Fortpflanzung.» Tatsächlich verweigern sie nicht die Liebe, aber die Fortpflanzung gelingt ihnen nicht mehr. Die Gefangenschaft macht sie steril. Dutzende von Arten geraten in diese Lage. Die Kondore, die seit dreißig Jahren Insassen des Zoos von Rom sind, haben einen Rekord an Langlebigkeit erreicht; aber auch einen Rekord an Unfruchtbarkeit. Seit dreißig Jahren legen sie jedes Jahr Eier. Aber es sind tote Eier.

In Wirklichkeit sagt die Unfruchtbarkeit der Tiere nichts über die Qualität eines Zoos aus. Es gibt keine guten und schlechten Zoos. *Alle Zoos sind schlecht.* Wenn es einem Tier gelingt, Nachkommen zu erzeugen, so heißt das noch nicht, daß nicht andere Anomalien auftreten. Da gibt es Vögel, die befruchtete Eier legen, sie dann aber, durch irgendeine Lappalie irritiert, samt dem Nest zerhacken und zerstören. Da gibt es Säugetiere, die Kinder zur Welt bringen, sich dann aber auf sie stürzen, sie zerfleischen, in Stücke reißen und sie auffressen. Der Kannibalismus von Müttern kommt im Zoo so häufig vor, daß man dem gar keine Aufmerksamkeit mehr schenkt. Es ist offensichtlich, daß nicht Hunger der Grund ist. Es ist eine Art blinde Zerstörungswut, die von der Not und den psychischen Verwirrungen der Gefangenschaft hervorgerufen wird.

«Unsere Eisbären haben sich nie vermehrt», gibt Prof. Bronzini, Direktor des römischen Zoos, zu. «Genau gesagt: Sie bekommen zwar jedes Jahr Junge, aber sie nehmen sie nicht an oder fressen sie sogar auf. Seine eigene Brut zu fressen ist eine Degenerationserscheinung, die dem Zooleben zuzuschreiben ist und die anzeigt, daß das Tier sich in einer unangemessenen Umgebung befindet. In der Natur zieht sich die Bärin einen bis anderthalb Monate vor der Niederkunft in eine Grotte zurück oder gräbt sich eine Höhle ins Eis. Sie lebt dann vollkommen isoliert, und später zieht sie dort ihre Jungen auf. Im Zoo müßte die Bärin über zwei getrennte Örtlichkeiten verfügen können, einen, wo sie die Nahrung zu sich nimmt und Exkremente läßt, und einen zweiten, wo sie niederkommen und ihre Kinder aufziehen kann. Leider fehlt es uns an Platz, und wir müssen uns damit abfinden, jedes Jahr zuzusehen, wie die Neugeborenen von ihren Müttern gefressen oder von den anderen Bären zerfleischt werden. Alle unsere Versuche, sie künstlich aufzuziehen, sind gescheitert.»

«Ich habe Hyänenhunde in meinem zoologischen Garten», erzählt Paul de la Panouse. «Kaum daß Welpen geboren sind, werden sie binnen drei Tagen von ihren eigenen Müttern aufgefressen.» Kannibalismus kommt obendrein nicht nur bei Fleischfressern vor, sondern auch bei den vegetarischen Spezies. Es gibt Hasen, die ihre Kleinen vertilgen. Bei den Affen sind Massaker an den Jungen sogar ziemlich häufig. Sie werden oft Opfer der Rivalitäten zwischen den Eltern oder der Nachlässigkeit ihrer Mütter. Im Münchner Zoo habe ich eine Paviannmutter gesehen, die ihr Junges hinter sich herschleifte, nachdem sie es auf die Erde geworfen hatte, um bei ihrem Gefährten bleiben zu können. In weniger als zwei Stunden war das Baby tot. Die Mutter bemerkte es nicht einmal gleich, sondern zog es weiter hinter sich her. Es gab keine Zeichen von Wildheit in diesem Verhalten – nur eine Gleichgültigkeit, die wie ein schwarzer Schleier jeden mütterlichen Instinkt umnachtet hielt.

In Zeiten der Überpopulation ist die Vernichtung der Jungen nahezu total. Im Zoo von Philadelphia ließ man eine Nutria-Kolonie probehalber von fünf auf dreißig anwachsen. In kurzer Zeit hatte sich die Kolonie selbst ausgerottet. Die Nachkommen wurden systematisch umgebracht. Ähnliche Erscheinungen kann man auf der Insel Guadaloupe im Pazifik beobachten, wo die von den Fischern übermäßig verfolgten See-Elefanten Zuflucht fanden. Auf der Insel ist die Jagd verboten. Die Übervölkerung hat alle Regeln eines sozialen Lebens zerstört. Die Kleinen werden von den Müttern gleich nach der Geburt verlassen, wenn sie noch halb blind sind und sich nicht bewegen können. Viele werden von den Erwachsenen totgetreten. Wenn die See-Elefanten die Insel verlassen, kann man bei Ebbe Tausende Kadaver von Neugeborenen am Strand liegen sehen.

Die Ursachen für ein derartiges Fehlverhalten der Muttertiere sind noch nicht genau bekannt. Der Mangel an Muttermilch ist eine. Dieser Mangel ergibt sich aus der Tatsache, daß die Weibchen im Zoo sehr viel früher als in der Natur in Hitze kommen. Das junge Weibchen, dem die Stimulation durch die Milchdrüsen fehlt, mag daher die Jungen als Eindringlinge empfinden, die sie dann auffrißt oder tötet.

Renato Paggetti, ein alter Wärter des römischen Zoos, erzählte mir von einer Leopardin, die keine Milch hatte und die jedes Jahr ihre Jungen zwei, drei Tage nach der Geburt verschlang. Eine andere Ursache ist die extreme Reizbarkeit der Mütter. Ungewohnte Gerüche, unerwartete Aufregungen, die Geräusche des Publikums können auf das Nervensystem der Wöchnerin einen so starken Druck ausüben, daß sie die Kinder angreift. Oder die Mutter schleppt die Jungen auf der Suche nach einem ruhigen Platz so lange im Käfig hin und her, bis sie sie in ihrer Not schließlich tötet.

Aber die symptomatischste Tatsache scheint zu sein, daß die Mutter oft die Techniken der Geburt nicht mehr kennt und schwere Fehler macht. Nach Lorenz ist der Kannibalismus fast immer die Folge der Irrtümer der Mutter im Moment, wo sie sich der Plazenta entledigen und die Nabelschnur durchtrennen müßte. Lorenz schreibt: «Normalerweise öffnet die Mutter die Membranen sehr geschickt mit den Zähnen, wobei sie sie beständig leckt, und ißt sie dann langsam zusammen mit der Plazenta und dem Ende der Nabelschnur auf. Aber an diesem Punkt muß die Operation enden. Nun geschieht es häufig, da die Anomalien unter den domestizierten Tieren sehr verbreitet sind, daß die Mutter an der Nabelschnur weiternagt, und wenn sie an den Nabel des Kindes gelangt, nicht aufhört, sondern mit den Zähnen den Bauch aufreißt und die Eingeweide des Neugeborenen mitißt.»

Manchmal entkommt das Junge dem Wahnsinn der Mutter und fällt dann dem des Vaters zum Opfer. Das geschieht in den Zoos häufig dann, wenn die Tiere in Gruppen zusammenleben.

Die Väter sind nicht in der Lage, ihre Kinder von anderen zu unterscheiden, und betrachten sie als Rivalen. Monica Holzapfel berichtet von einem Steinbock, der sein eben geborenes Kind mit den Hörnern angriff. Hier noch ein Zeugnis von Hediger: «Im Zoo wurde ein kleines Lama geboren und mit Vater und Mutter im selben Gehege gelassen. Alles ging einige Wochen lang gut, bis es dem Kleinen eines Tages gelang, aus dem Gehege zu entweichen und sich etwa eine Stunde außerhalb aufzuhalten. Bei seiner Rückkehr wurde es vom Vater angegriffen und so schwer verletzt, daß es daran starb. Wir sind nicht in der Lage, eine befriedigende Erklärung für diese Aggressivität nach wochenlangem gutem Zusammenleben zu geben, aber der Fall zeigt, daß man nie einen Angriff des Vaters auf sein Kind ausschließen kann.»

Die Gefangenschaft ruft noch andere Anomalien in der Fortpflanzung hervor, zum Beispiel die Geburt von Monstren. Bronzini berichtet: «Oft werden mißgebildete Kinder zur Welt gebracht. Manche haben ein unvollständiges oder unsymmetrisches Skelett. Vor einigen Jahren hatten wir hier die Geburt eines indischen Elefanten, der völlig asymmetrisch war und dessen Schädel quer lag. Natürlich war es eine Totgeburt.» Viele ähnliche Fälle wurden im Zoo von Rom registriert, so eine verdrehte Giraffe und zwei mißgestaltete Tiger. Auch in diesen Fällen trat der Tod sofort ein. Es gibt nur einen Weg, um das Leben der Neugeborenen zu retten und zu verhindern, daß sie dem Wahnsinn der Eltern zum Opfer fallen: sie der Mutter wegzunehmen und künstlich aufzuziehen. Das ist eine Lösung, die im Zoo oft praktiziert wird. Man rettet die Kinder vor dem Tod – aber man rettet sie nicht vor dem Wahnsinn. Im Gegenteil, wie wir im Fall des Gibbons von Zürich am Anfang des Kapitels gesehen haben: Der Wahnsinn nistet sich frühzeitig ein und begleitet die Tiere ihr ganzes Leben lang.

14

Das Brandmal des Unglücks

Wenn es den Tieren, die im Zoo geboren werden, überhaupt gelingt zu überleben, werden es *andere* Tiere. Sie sind gebrandmarkt. In schrecklichen Versuchen ist festgestellt worden, daß schwangere Weibchen, die traumatisierenden Schocks unterworfen werden, ihre Verstörung an die Nachkommen weitergeben. Genau das geschieht im Zoo. Wenn ein Tier geboren wird, trägt es schon alle Traumata, Ängste und Frustrationen in sich, die die Mutter ertragen mußte. Anschließend nimmt es während seiner Kindheit alle Übel der Gefangenschaft auf.

Zahlreiche Untersuchungen haben nachgewiesen, daß das Verhalten des erwachsenen Tieres durch die Erfahrungen bedingt wird, die es schon im pränatalen Zustand und von den ersten Momenten seiner Geburt bis zur Entwöhnung gemacht hat. Wie Morton beobachtet hat, «zeigen die Lebewesen, die bis zu ihrer Reife die Anregungen einer vielfältigen Umgebung erfahren haben, signifikant andere Verhaltensformen als diejenigen, die zum Beispiel in der reizarmen Umgebung aufwachsen, die der Käfig eines normalen Laboratoriums bietet.» Oder eines normalen Zoos. Das Neugeborene bekommt die zukünftigen Anomalien schon als persönliche Mitgift. Vor allem wird es Schwierigkeiten haben, stabile Beziehungen mit Artgenossen zu entwickeln und sich fortzupflanzen. Die Defizite sind auf allen Gebieten folgenreich. Die Lernfähigkeit ist ebenso herabgesetzt wie das Reaktionsvermögen.

Die Lösung, das Kind von den Eltern zu entfernen und es künstlich aufzuziehen, erweist sich im Zoo oft als notwendig. Aber es ist keine Lösung. Während der entscheidenden Periode der frühen Kindheit, in der sich – bei Mensch und Tier – das Individuum herausbildet, ist die Anwesenheit der Eltern für das Junge unentbehrlich. Viele Säugetiere fangen nach der Geburt überhaupt nur dann zu atmen an, wenn sie von der Mutter in bestimmter Weise dazu angeregt werden. Andere lernen nur durch die mütterliche Unterrichtung zu urinieren und zu koten. Wenn sie fehlt, gehen sie ein.

Viele Tiere, besonders die hochentwickelten, unterhalten mit ihrer Mutter sehr komplexe Beziehungen körperlicher Art, die Schutz und Zuwendung bedeuten. Über den Rhesusaffen schreibt Bowlby: «Während der ersten Woche oder der ersten zwei Wochen seines Lebens bleibt das Kleine in ständigem Kontakt, Bauch an Bauch, mit seiner Mutter. Es bleibt den ganzen Tag mit Händen, Füßen und Mund fest an sie angeklammert, nachts liegt es in ihren Armen. Nach und nach beginnt es, einige Schritte von der Mutter weg zu tun, und sie versucht ihrerseits, sich ein wenig zu entfernen. Aber bis zum Alter von sieben Wochen betragen diese Exkursionen nie mehr als einen Radius von siebzig Zentimetern – eine Entfernung, die der Mutter immer erlaubt, ihr Baby sofort zu greifen.»

Bei anderen Primaten dauert das Anklammern an die Mutter noch länger. Das Gorillajunge verbringt seine ersten drei Monate an die Mutter gepreßt, das Schimpansenjunge fast seine ganze Kindheit. Wenn sie sich einige Schritte entfernen, genügt ein Geräusch oder eine unerwartete Bewegung, daß sie sich in die Arme der Mutter flüchten. Selbst die in einem bestimmten Alter erfolgende Abweisung durch die Mutter oder die Ablösung von ihr, ein Vorgang, der auch in der Natur oft nicht ohne seelische Schmerzen abgeht, stellt einen wichtigen

Faktor der Identitätsbildung dar. Durch die Beziehung zur Mutter erlernt das Kind auch seine sexuelle Identität. Der kleine Pavian zum Beispiel beginnt damit, das Fell seiner Mutter zu untersuchen, und interessiert sich dann für die genital-anale Region. Im Alter von sieben bis acht Monaten vollzieht er mit der Mutter einen simulierten Geschlechtsakt. Delaveleye berichtet: «Für den jungen Pavian stellt die Mutter das erste Modell zur Einübung von sexuellen Beziehungen dar. Die Mutter-Kind-Bindung hat drei Komponenten: a) die mütterliche: Die Mutter gibt Milch, versorgt und beschützt das Kind und nimmt es in die Arme; b) die soziale: das gemeinsame Spielen und gegenseitige Fellpflege; c) die sexuelle: Die Mutter spielt die Rolle des Weibchens für den Sohn.»

Darüber hinaus lehrt die Mutter als Erzieherin ihre Kinder eine ganze Reihe von Verhaltensregeln, die ihnen den Aufbau sozialer Beziehungen ermöglichen. Unter der mütterlichen Kontrolle erfolgt die erste Erforschung der Umgebung und das Spielen, das in allen Phasen so wichtig für die physische und psychische Entwicklung des Tiers ist. Bei den Löwen, zum Beispiel, ist es die Mutter, die den Jungen die Anfangsgründe des Jagens beibringt.

Eine gute Elternbeziehung ist die notwendige Bedingung der fundamentalen Haltung, die man «basic trust» (Urvertrauen) nennt und die dem Kleinen eine positive Annäherung an die Umgebung und an sein Kollektiv erlaubt. Die Bedeutung der Mutter-Kind-Beziehung ist in Versuchen gezeigt worden, bei denen man die Jungen von ihren Eltern getrennt hat. Es wurde zum Beispiel festgestellt, daß Katzen und Hunde, die sehr früh der Mutter weggenommen wurden, weniger aktiv, weniger lernfähig, dafür aggressiver und furchtsamer wurden als die normal aufgewachsenen. Ein Entzug der Mutter in früher Kindheit hat bei allen Arten langfristige Konsequenzen.

Die Fülle der Beobachtungen und Versuche, die über die Auswirkungen der frühkindlichen Erfahrungen bei Mensch und Tier vorliegen, ist kaum überschaubar. Die rücksichtslosen Versuche, die H. Harlow an Rhesusaffen durchgeführt hat, sind hinreichend bekannt. Er ließ Affenkinder in totaler Isolation aufwachsen oder setzte ihnen «Ersatzmütter» aus Stoff oder Metall oder angsterregende mechanische Monster vor. Die Summe der Ergebnisse läßt sich kurz zusammenfassen: ein schwer und dauerhaft geschädigtes Sozial- und Sexualverhalten bei allen Opfern dieser jahrzehntelangen «Forschungen». Diese Experimente haben eine enorme Karriere in den humanpsychologischen Wissenschaften gemacht. Sie werden in den meisten Arbeiten zur Jugendkriminalität, Heimerziehung, Mutter-Kind-Bindung, frühkindlichen Entstehung von Charaktereigenschaften, Verhaltensstörungen, Neurosen und Geisteskrankheiten usw. zitiert. Aber diese so teuer erkauften Erkenntnisse haben sich nicht dort niedergeschlagen, wo sie am nötigsten wären: bei den Rhesusaffen selbst und allen anderen Zootieren.

Die Mutter-Kind-Beziehung ist im übrigen schon bei den meisten Affenarten verschieden und variiert von Tierart zu Tierart, einschließlich des Menschen. Bei vielen Arten wird die Funktion der Mutter auch von anderen weiblichen oder auch männlichen Gruppenmitgliedern mitgetragen oder ergänzt. Auch der Entzug anderer frühkindlicher Stimulationen kann schwere Schädigungen nach sich ziehen, etwa visuelle Reizprivation, Mangel an Kontakt mit Geschwistern oder anderen Artgenossen, an berührbaren Gegenständen, an Erfahrung von Raum und Entfernung, von Tönen und Geräuschen, von Freund-Feind-Eindrücken und so fort.

Von seinen Experimenten mit Ratten ausgehend, faßt Denenberg die Auswirkungen frühkindlicher Erfahrungen in folgenden fünf Thesen zusammen (zitiert bei M. Rutter):

1. Frühkindliche Erfahrungen können genetisch bedingte Eigenschaften drastisch verändern.
2. Sie haben langfristige Konsequenzen.
3. Sie sind eine wesentliche Ursache individueller Unterschiede und Schäden.

4. Sie haben vielfache Folgen.
5. Das Alter, in dem die Reize (oder Nichtreize) dargeboten werden, ist von entscheidender Bedeutung.

Von diesen Thesen wird gesagt, daß sie generell zutreffen. Bei Ratten und Menschen also. Wozu aber dienen diese Erkenntnisse von universellen Gesetzen, wenn wir sie an Tieren gewinnen, ihre Anwendung auf Tiere aber verweigern und verhindern? Auch ohne den umständlichen und opferreichen Umweg vom Tierexperiment über den Menschen zum Tier läßt sich mit Sicherheit sagen, daß die Schädigung der in Gefangenschaft geborenen Tiere nahezu zwangsläufig erfolgt. Von der gestörten oder reduzierten Mutter-Kind-Beziehung bis zur allgemeinen Reizarmut des Käfiglebens ist das im Zoo geborene Tierkind negativ programmiert. Es trägt den Keim der Verhaltensstörung, der Neurose, des Wahnsinns in sich.

15

Das Superschwein

Der Wahnsinn ist eine Krankheit, die das Tier vom Menschen bekommt. Der Mensch muß nicht unbedingt verrückt sein, um das Tier anzustecken. Es genügt, daß er es seiner Macht, seiner Liebe oder seinen Launen unterwirft.

Fast immer, wenn der Mensch mit dem Tier zu tun hat, beraubt er es seiner besonderen Eigenschaften und formt es um. Diese «Modellierung» kann sowohl auf Zuneigung als auch auf Herrschsucht beruhen. Wenn Zuneigung im Spiel ist, nimmt sie oft die Form der Prägung an. Das klassische Beispiel ist die Beziehung von Konrad Lorenz zu der Graugans Martina. Lorenz erzählt die Geschichte mit der Lebendigkeit und dem Humor, die für seine Schriften typisch sind. Eines Tages wollte er bei der Geburt einer Wildgans dabeisein. Als das Ei aufsprang, war er das einzige Lebewesen, das anwesend war. Das Gänschen begrüßte ihn mit einem Piepsen. Lorenz nahm es mit und wollte es einer erwachsenen Gans anvertrauen. Zu seinem Erstaunen lehnte Martina die Adoptivmutter ab und folgte ihm. Lorenz sah sich gezwungen, sie von diesem Moment an bei sich zu behalten, sie zu füttern, zu pflegen und zu hätscheln, wenn er vermeiden wollte, daß sie in herzzerreißendes Geschrei ausbrach. Er mußte ihr sogar eine kleine Wiege neben seinem Bett aufstellen.

«Martina folgte mir überallhin und war vollkommen zufrieden, wenn ich am Schreibtisch arbeitete und sie sich unter meinem Sessel hinlegen durfte. Sie war gar nicht lästig. Es genügte ihr, wenn ich mit einem unartikulierten Grunzen antwortete, sooft sie wispernd anfragte, ob ich noch da und am Leben sei. Am Tag tat sie das alle paar Minuten, nachts etwa jede Stunde.»

Martina hatte Lorenz nicht nur als Mutter adoptiert, sondern begann, als sie geschlechtsreif wurde, ihm den Hof zu machen, während sie jeden Kontakt mit Artgenossen verweigerte. Lorenz hatte zufällig eine außerordentliche Entdeckung gemacht: Es gibt Tiere, die auf das erste sich bewegende Objekt geprägt werden, das sie nach ihrer Geburt wahrnehmen, und nehmen es als Mutter an. Diese frühkindliche Prägung bestimmt in der Folge ihr soziales und sexuelles Leben. Das Beispiel regte Dutzende von Wissenschaftlern zur Wiederholung des Experiments an. Die ergiebigsten «Versuchskaninchen» scheinen im Moment die am Boden nistenden Vögel zu sein.

«Viele Vögel müssen sich, kaum daß sie aus dem Ei geschlüpft sind, sofort an die Mutter anschließen und als erstes lernen, sie wiederzuerkennen. Danach folgen sie ihr überallhin und bleiben in ihrer Nähe, um sich sicher zu fühlen», berichtet Morris. «Das Küken von Huhn oder Ente, das nicht so handeln würde, könnte sich leicht verirren und zugrunde gehen. Sie sind zu lebhaft und zu beweglich, als daß die Mutter sie zusammenhalten und beschützen könnte, wenn sie nicht die Hilfe des ‹imprinting›, der Prägung, hätte. Dieser Vorgang kann sich in wenigen Minuten ereignen. Das erste große bewegliche Objekt, das das Küken sieht, wird automatisch die ‹Mutter›. Unter normalen Umständen ist es tatsächlich die Mutter, aber unter experimentellen Bedingungen kann es praktisch jedes Ding sein.»

Hühner, Enten, Truthähne, Fasane, Rebhühner, Tauben, Hausgänse und Wildgänse sind auf diese Weise vom Menschen manipuliert worden. Das bewegliche Objekt, die «Mutter», war einmal ein Ball, ein andermal eine Schachtel, eine Flasche, ein Kahn, ein Hampelmann, eine Spielzeugeisenbahn, ein Wagen oder eine Plastikente. Die Experimente wurden dann auch auf andere Tiere ausgedehnt. Ein Meerschweinchen wurde nach der Geburt für vier Stunden isoliert und folgte dann der Silhouette eines Holzstücks, das von dem Experimentator bewegt wurde und dem es seine Zuneigung schenkte. Ein Lämmchen fixierte sich auf den laufenden Fernseher derart, daß es Widerstand leistete, wenn man es davon wegbringen wollte. Sobald es konnte, rannte es zu dem Apparat zurück.

Das «imprinting» funktioniert auch zwischen den Jungen verschiedener Spezies. Zum Beispiel isolierte Schutz kleine Enten nach der Geburt und zog sie zusammen mit Gänsen auf. Dann setzte er sie in Freiheit. Er erzählte mir: «Im Frühling, wenn Paarungszeit ist, zeigen die männlichen Enten, die mit den Gänsen aufgewachsen sind, keinerlei Interesse für die weiblichen Enten, sondern wenden ihre Aufmerksamkeit den Gänsen zu. Diese wissen die Annäherungsversuche des Enterichs gar nicht zu schätzen und weisen sie im allgemeinen sehr heftig ab. Aber es kommt vor, daß die Gans die Gesellschaft eines Enterichs toleriert. Natürlich können sie keine sexuellen Beziehungen haben, und so finden sich diese beiden Tiere von der Fortpflanzung ausgeschlossen, die doch das Hauptziel der Paarbildung ist. Daraus kann man den Schluß ziehen, daß die Arterhaltung nicht nur durch instinktive Reaktionen gesteuert wird, sondern auch von den Erfahrungen der frühen Kindheit.»

In Seewiesen machte Schutz auch mit anderen Tieren ähnliche Experimente. So konnte man erleben, daß ein Enterich einer Henne den Hof macht und sich mit ihr zu paaren versucht, was ihren erbitterten Protest hervorruft. Oder man kann ein Gänsepärchen beobachten, das die Gesellschaft einer Ente duldet, die auf eine Gans geprägt wurde und nun glaubt, eine Gans zu sein. Die drei führten zusammen eine wahrhaft ungewöhnliche Ehe zu dritt. Im Zoo und im Laboratorium ist es vor allem der Mensch, auf den sich das «imprinting» fixiert. Mainardi sagte mir: «Oft sind es die Bedingungen der Gefangenschaft, die den Ursprung von abnormen Verhaltensweisen bilden. Jedesmal, wenn ein kleines Tier in Kontakt mit dem Menschen gebracht wird, entwickelt es unnormale soziale und sexuelle Tendenzen ihm gegenüber. Es wird auf den Menschen, den menschlichen Körper oder bestimmte Körperteile geprägt. Das geschieht oft bei Vögeln mittlerer Größe, etwa bei Tauben. Männliche Tauben versuchen zum Beispiel, mit der Hand des Experimentators zu kopulieren, weibliche machen Submissionsgesten, die das Vorspiel zum Liebesakt bilden, oder sie benehmen sich aggressiv.»

Zwischen dem Forscher und dem Tier entstehen zuweilen echte Gefühlsbeziehungen. Lorenz berichtet von seiner Jugendliebe zu den Dohlen. Schutz wendet viel Zeit für seine Gänse und Enten auf, die ihn beständig hofieren. Bernadette Moukenstourm, eine Mitarbeiterin von Remy Chauvin, widmet sich dem Studium der Vögel und erforscht die Möglichkeiten, die sie zur Kommunikation mit Menschen haben. Seit Jahren lebt sie inmitten von Geflügel. «Diese Vögel», sagt sie, «sind sehr anspruchsvoll. Sie brauchen meine Gegenwart, natürlich zunächst einmal, weil ich ihnen die Nahrung bringe, aber, wie ich sicher glaube, auch deshalb, weil sie liebevolle Zuwendung brauchen. Es sind ja Tiere, die nie in Freiheit gelebt haben. Sie sind auf die Nähe der Person, die sie domestiziert hat, angewiesen. Das Leben eines Verhaltensforschers ist nicht gerade ein Sklavendasein – aber was etwa Ferien angeht, die muß ich vergessen...»

Bernadette muß also auf Ferien verzichten. Aber ihre Vögel, worauf müssen die verzichten? Auf alles. Sie haben keine Identität mehr, weder als Individuen noch als Spezies. Im Zoo und im Zirkus bilden die Mensch-Tier-Beziehungen oft eine unentwirrbare Mischung dunkler und krankhafter Gefühle.

Im Züricher Zoo habe ich einen Schuhschnabel gesehen, einen großen melancholischen Vogel aus dem Kongo, der offen seinen Wärter umwarb. Der wies ihn nicht ab, sondern versuchte, mit ihm zu kommunizieren, indem er sich vor ihn stellte und den Kopf lange hin und her bewegte. Ellenberger erzählt den Fall seiner Frau, Vera Hegi, die als Wärterin im Moskauer Zoo arbeitete und eines Tages von einem eifersüchtigen Elch angegriffen wurde, als sie sich mit einem anderen Tier beschäftigte. Im Zoo von Rom kam es einmal zu einem wütenden Kampf zwischen Pumas und Jaguaren, die wegen eines Wärters in Eifersucht gerieten.

Vaivre – zitiert bei Blin und Favreau – berichtet den Fall einer Zirkus-Äffin, die sich in den Riesen des Zirkus verliebt hatte. «Unentwegt sprang sie dem Riesen auf die Schultern, versuchte ihn zu umarmen, schlief zu seinen Füßen, öffnete die Schenkel, schrie und gebärdete sich wie von rasender Leidenschaft ergriffen.» Blin und Favreau zitieren auch diese Beschreibung eines Gorillaweibchens von Yerkes: «Congo kam zu mir..., sie warf sich auf den Rücken, führte meinen Fuß an ihre Genitalien und versuchte mit allem Nachdruck, mich auf sich zu ziehen. Dasselbe hatte sie im vergangenen Winter mit einem Hund versucht. Die Herausforderung war derart heftig, daß ich die größte Mühe und Klugheit anwenden mußte, um mich dem Liebesangriff zu entziehen. Ein anderes Mal wandte sie mir ihr Geschlechtsteil zu und tat alles ihr Mögliche, um mich zum Eindringen zu bewegen. Ich bemerkte bei diesem Angebot, daß ihr ganzer Körper heftig zitterte und bebte. Diese Erscheinung begleitet oft eine starke sexuelle Erregung beim Menschen, bei Männern und Frauen, und sie manifestiert sich in der gleichen Weise. Später, als Congo mir wieder Avancen machte, mal im Liegen, mal im Stehen, habe ich dieses Zittern mindestens noch zweimal wahrgenommen. Diese deutliche sexuelle Herausforderung hielt einige Minuten an. Ihr offenes Bestreben, mit mir den Geschlechtsakt auszuüben, machte mich äußert verlegen. Es war auch nicht ganz ungefährlich, wenn man die beträchtliche Kraft dieses Tieres bedenkt...»

Das «imprinting» kann tatsächlich sexuelle Beziehungen zwischen Mensch und Tier nach sich ziehen. Die Opfer solcher Praktiken sind in der Regel Haustiere, die ohnehin gewohnt sind, jede Art Gewalt von seiten des Menschen zu erdulden. Fontaine, Gaskhel und Dell haben ein interessantes Bild dieses Phänomens zusammengestellt. Dabei ergibt sich eine grundsätzliche Verschiedenheit zwischen männlicher und weiblicher Sodomie. Die Männer sind durchweg von niedriger Intelligenzstufe und aus den unteren sozialen Schichten, fast immer vom Lande. Sie bringen ihre Tiere zum Tierarzt, damit er gewisse Wunden heilen soll, aber sie hüten sich, einzugestehen, wie diese entstanden sind. Frauen sind zahlenmäßig stärker vertreten, und ihr intellektuelles und soziales Niveau ist höher. Sie bekennen sich ohne weiteres zu ihren speziellen Sexualpraktiken und erklären, daß sie nicht die Absicht hätten, sie zu ändern.

«Das, was sie dazu bringt, den Tierarzt aufzusuchen, ist die sexuelle Aggressivität, die das Tier, meist handelt es sich um Hunde, anderen Frauen gegenüber an den Tag legt. Sie fragen, ob man dieses zweideutige und peinliche Benehmen nicht abstellen könne... Es handelt sich fast immer um verheiratete Frauen. Die Reaktion der Ehemänner ist unerfindlich. Einer kam einmal und verlangte die Hinrichtung des kriminellen Hundes, bei der er dabeisein wollte.»

Die andere Art der Modellierung, die vorgenommen wird, um die Herrschaft über das Tier zu bestätigen, findet sich vor allem im Zirkus und im Zoo. Dompteure und Wärter versuchen, die Tiere zu unterwerfen und sie zu passiven Befehlsempfängern zu machen. Bei den in Gruppen lebenden Tieren besteht die Technik darin, sich an die Spitze der Hierarchie zu setzen. Jean Albert Hoppe, Dompteur in einem amerikanischen Zirkus, führt eine Nummer vor, an der sechs Schweine beteiligt sind. Wie stellt er es an, daß Schweine sich zum Auftreten bringen lassen? Er erklärt es folgendermaßen: «Es gibt einen elementaren Grundsatz in unserem Beruf: Der Löwe sieht in dem Dompteur einen Löwen, der stärker ist als er, und so ist es bei jedem anderen Tier. Die Schweine haben angefangen, mir zu gehorchen, als sie mich als Superschwein ansahen, das heißt als eines von ihnen, nur stärker.»

Mainardi bestätigte mir die Richtigkeit dieses Prinzips: «Wenn es sich um soziale Tiere handelt, bildet sich eine Hierarchie heraus. Das geschieht auch im Zirkus und im Zoo. Der Dompteur – und manchmal auch der Wärter – nimmt die beherrschende Stellung gegenüber dem Alpha-Tier ein, für das er dann, um beim Terminus technicus zu bleiben, zum Super-Alpha wird. Das ist eine besondere Situation, die nur der Gefangenschaft entspringt. Der Super-Alpha ist ein Chef, der da ist und der nicht da ist. Anders gesagt: Er erfüllt einige Funktionen des Chefs, zum Beispiel befiehlt er, und die Tiere greifen ihn nicht an und tun alles, was er will. Andererseits befruchtet er nicht die Weibchen. Er ist also kein richtiger Chef. Die Rolle ist geteilt. Immerhin wird der Super-Alpha als ein Wesen der eigenen Art gesehen. Der Dompteur ist insofern ein Super-Alpha, als ihm die Gruppenmitglieder den Tribut der Anerkennung seiner Überlegenheit zollen, den sie gewöhnlich einem Individuum der eigenen Art entgegenbringen. Bei den Kapuzineräffchen etwa gilt der Wärter durchaus als Chef. Wenn aber eines stirbt und das hierarchische Gefüge dadurch in Bewegung gerät, kann es passieren, daß der Super-Alpha von Individuen niederen Ranges angegriffen wird, die selbst Super-Alpha werden wollen. Das heißt, auch die Position des Super-Alpha wird neu in Frage gestellt, wenn sich die Hierarchie verändert. Bekannt ist auch, daß sich ein Wärter in eine Gruppe von Känguruhs integrieren kann und von diesen sehr aggressiven Tieren nicht attackiert wird. Es genügt, daß er im richtigen Moment ein Unterwerfungssignal setzt, das heißt sich hinkniet, wenn ein Känguruh ihn anfallen will. Das Zeichen wird von dem Tier respektiert. Er betrügt gewissermaßen das Känguruh, indem er vorgibt, ein Känguruh zu sein.

In manchen Fällen berührt man die sexuelle Sphäre. Von den Löwen zum Beispiel wird der männliche Mensch immer als Rivale betrachtet. Infolgedessen wird es für den Dompteur riskant, wenn die Löwinnen in Hitze sind, denn der Löwe sieht ihn als sexuellen Konkurrenten an und wird eifersüchtig. Bei einigen Pflanzenessern hingegen wird der Mensch stets als Weibchen gesehen – mit der Folge, daß er von den männlichen Tieren hofiert und von den weiblichen eifersüchtig angegriffen wird.» Der Betrug funktioniert nicht immer. Die Tiere sind stets in Bereitschaft, Schwächen des Super-Alpha auszunutzen, um sich dem psychologischen Druck zu entziehen, der sie so tiefgreifend denaturiert. Wie Renato Paggetti, ein alter Wärter des römischen Zoos, berichtet, muß man dem Tier immer direkt ins Gesicht sehen, darf ihm nie den Rücken zudrehen und nie zulassen, daß man in eine Ecke gejagt wird. Die Ecke stellt die ideale Bedingung für einen Angriff dar. Der Wärter oder Dompteur darf keine Schwäche und vor allem keine Angst zeigen.

Bruno Togni erzählt folgende Geschichte: «Eines Tages waren wir mit dem Zirkus in Holland. Ich war ziemlich am Boden, weil das Geschäft schlecht lief, hatte Heimweh nach Italien und ein heraufsteigendes Fieber. Die Löwen nahmen das wahr. Als ich meine Nummer beendet hatte und sie wegschikken wollte, sprangen mich drei von hinten an. Zwei verstellten mir von vorn den Weg, ein anderer packte von hinten mein Bein. Sie begannen, mich wegzuzerren. Zum Glück gelang es mir, die Peitsche zu ergreifen, und ich schrie so laut, daß die Löwen erschraken und mich losließen. Sie haben mir 120 Wunden versetzt, überall, im Gesicht, an den Armen, den Beinen…»

Das Tier spürt sofort, wenn der Mensch Angst hat. Mainardi meint dazu: «Manche Tiere haben eine enorme Sensibilität, die vielleicht auf Geruchsveränderungen anspricht oder auf andere Faktoren, die wir nicht erkennen können. Vielleicht gibt es beim Menschen eine Angstausdünstung, wie es sie bei den Tieren gibt, die wir nur nicht geruchlich wahrnehmen.» De Martis versicherte mir, daß sich eine ähnliche Geruchssensibilität bei Geisteskranken findet. Der Kranke riecht sofort, wenn der Arzt oder die Schwester Angst hat. Vielleicht wird der Verlust einiger Fähigkeiten durch den Zuwachs von andern kompensiert.

In jedem Fall ist die Herrschaft, die der Mensch dem Wildtier aufzuzwingen sucht, niemals absolut und gesichert. Im Zoo und im Zirkus kommen häufig Aggressionen vor, die scheinbar unmotiviert erfolgen. Es sind die Bedingungen der Gefangenschaft, die die Tiere in die Spirale der Gewalt hineinziehen. Auch in diesem Zusammenhang weist de Martis auf eine Parallele zwischen Zoo und psychiatrischer Anstalt hin:

«In gewisser Weise besteht die ganze Aufgabe der modernen Psychiatrie darin, das Gewahrsamssystem zu verändern, das exakt dem Verhältnis des Zoowärters zum Zootier gleicht. Wir müssen die Dimension des Verwahrens verlassen, denn solange der Zwang erhalten bleibt, werden sich immer wieder die gleichen Erscheinungen wie im Zoo manifestieren: extreme Passivität und extreme Aggressivität und Unvorhersehbarkeit des Verhaltens. Die Patienten, die in strengem Gewahrsam leben, haben zwischen Phasen der Unterwerfung und der absoluten Passivität explosionsartige Gewaltausbrüche. Aus diesem Circulus vitiosus von Unterdrückung und Unterwerfung gilt es auszubrechen. Die Unterwerfung schafft die latente Gewalt, die latente Gewalt erfordert strengere Kontrollen, so bleibt der unselige Kreislauf erhalten.»

Der unselige Kreislauf beginnt in dem Moment, in dem der Mensch eine Beziehung zum Wildtier aufnimmt. Er manipuliert es, er verdreht es, er beraubt es der instinktiven Mechanismen, die die Basis seines sozialen und sexuellen Verhaltens bilden, er macht es neurotisch. Die blinde und unmotivierte

Gewalt, die in Zoo und Zirkus explodiert, ist ein zusätzliches Geschenk, das der Mensch dem Tier macht: Er verwandelt ein sanftes und gutartiges Geschöpf, das es in der Natur fast immer ist, in ein Wesen, das Tod und Zerstörung bringt.

16

Das Montagssyndrom

Das Labyrinth des tierlichen Wahnsinns hat einen Hintergrund, der das verwirrendste und gleichzeitig bezeichnendste Element bildet: das Benehmen des Publikums im Zoo. Hier werden wir Zeugen des Versuchs, den menschlichen Wahnsinn auf das Tier zu übertragen. Wenn der Verrückte seinen Wahn auf andere überträgt, wird er gesund oder verbessert doch seinen Zustand. Zieht auch der Zoobesucher einen Vorteil daraus?

Alle Zoos kennen das «Montagssyndrom». Es ist der Tag, der der sonntäglichen Überflutung durch die Menschenmassen folgt. Wenn sich die Menge verzogen hat, gleicht der Zoo den Slums an der Peripherie der großen Städte. Eine Lawine von Schmutz und Abfall bedeckt das Gelände. Die Wassergräben der Robben, der Eisbären, der Nilpferde sind nur noch Kloaken. Kartons, Flaschen, Apfelreste, Nuß- und Bananenschalen treiben zwischen den Schwänen, Flamingos und anderen Wasservögeln herum. In den Gehegen türmen sich Haufen von Unrat. Die Wege und Wiesen sind übersät mit schmutzigem Papier, Plastikbechern, Essensresten und Abfällen aller Art. Es ist, als ob die sonntägliche Menge sich allen Schmutzes entledigt hätte, den sie in sich trug. Dieser physischen «Säuberung» der Zoobesucher entspricht tatsächlich ein psychischer Akt der Reinigung, der Entledigung.

Beginnen wir mit der Frage, warum die Leute in den Zoo gehen. Die Antwort scheint auf der Hand zu liegen: weil sie Wildtiere sehen und kennenlernen wollen. In Wahrheit ist das nicht der Fall. Wie wir erkannt haben, erlebt das Publikum die Tiere gar nicht, wie sie von Natur sind. Es lernt nur «Kopien» kennen, verhunzt und denaturiert durch die Gefangenschaft, und es sind eben diese «Kopien», die so anziehend wirken. Keinerlei zoologisches Interesse treibt die Menschen in den Zoo. Die wirkliche Neugier richtet sich darauf, Geschöpfe zu erleben, die sich hinter Gittern abquälen. Jemand berichtete einmal von der Entrüstung eines Zirkusdirektors, der sich aufregte, weil nur knapp ein Dutzend Leute einen Blick auf das Rhinozeros warfen, das ihn 12000 Dollar gekostet hatte, während sich die Menge vor einer Gruppe Affen drängte, die kaum 45 Dollar wert waren.

Jeder kann diese Beobachtung selbst machen: Die Massen ballen sich vor den Käfigen zusammen, in denen Tiere ein «Spektakel» bieten. So haben der scheue Bongo oder das faule Okapi nur wenige Besucher, während die meisten bei den «ausgelassenen» Pavianen und den tanzenden Braunbären zu finden sind oder bei den geduckten Raubkatzen, die sie für den Gipfel der Wildheit halten. Wie man beobachtet hat, hängt die Attraktivität eines Tieres nicht von seiner Seltenheit oder seinem finanziellen Wert ab, sondern von seinem «Ausstellungswert», der seinerseits auf verborgenen psychologischen Beziehungen zwischen Mensch und Tier beruht.

Nach Hediger lassen sich die Tiere, die einen Anziehungspunkt darstellen, in gut definierte Gruppen einteilen:

1. die traditionellen «exotischen» Tiere (Elefant, Kamel, Giraffe etc.),
2. die «Bestien» (Löwe, Tiger, Leopard),
3. die großen Schlangen,
4. die aktiven und lebhaften Tiere, die sich zur Schau stellen, betteln oder tanzen oder sonst mit dem Publikum «kooperieren»,

5. Tierkinder und das ganze Spektrum der kleinwüchsigen Tiere (das Pony wird immer dem normalen Pferd vorgezogen),
6. die Affen, Bären, die Pinguine und alle, die sich auf zwei Beinen aufrichten können.

Dabei fällt auf, daß sich das Interesse des Publikums bewußt oder unbewußt auf diejenigen Tiere richtet, bei denen die Neurosen und Defekte der Gefangenschaft am offensichtlichsten sind. Ein krankhaftes Verlangen zieht die Leute zur Hyäne, die in ihrem Käfig hin- und herrennt, oder zu dem Affen, der sich vor Verzweiflung die Hände zerbeißt, der das Publikum anspuckt oder seinen Kot in die Hand nimmt und auffrißt. In gleicher Weise, berichtet Ellenberger, zeigten einst die Besucher der Irrenhäuser bei den Individuen besonderes Interesse, die «Spektakel boten», oder bei denen, die mit besonderen Krankheitsformen geschlagen waren oder die, an der Grenze des Erträglichen angelangt, unter besonderen Sicherheitsvorkehrungen gehalten wurden.

Es überrascht daher nicht, daß sich die Leute gerade von den Affenkäfigen so magnetisch angezogen fühlen. Der Affe repräsentiert nach Ellenbergers Beobachtungen das Bild einer entwürdigten und degenerierten Menschlichkeit. Wie die Insassen einer Irrenanstalt.

Das Publikum begnügt sich aber nicht damit, die merkwürdigen Verhaltensweisen der Tiere hinter Gittern zu beobachten, abgesehen davon, daß es diese ihrer Natur und nicht ihrer Gefangenschaft zuschreibt. Es will auch irgendwie am Zooleben teilnehmen, will die Aufmerksamkeit der Tiere erregen und selbst wahrgenommen werden. Diese exhibitionistische Anbiederung ist durchdrungen von tiefer Feindseligkeit gegen das Tier. Man sucht den Löwen aus seiner apathischen Starrheit aufzustören, indem man ihn mit Stöcken oder Steinen reizt, so als wolle man dem «König» seine Ohnmacht und die Erniedrigung, in der er leben muß, immer noch einmal vor Augen führen. Man provoziert und verhöhnt die Affen, wie um die eigene Überlegenheit zu demonstrieren. Es ist ein dumpfer Groll, der einen Großteil der Besucher motiviert, den Zoo aufzusuchen.

Eine eindrucksvolle Schilderung gibt Vera Hegi, die als Wärterin im Moskauer Zoo gearbeitet hat: Im Strom der Besucher glitt die Menge der Verbitterten, der mit sich und der Welt Unzufriedenen, die ihren Groll und ihre Enttäuschungen mit sich schleppten. Unter dem Vorwand, daß sie für ihr Geld auch etwas verlangen dürften, weckten sie mit Stockschlägen die schlafenden Löwen oder verlangten, daß die Bären Tänzchen aufführten, im Austausch für das armselige Almosen einer Handvoll Essen. Den ganzen Tag lang schob sich eine lärmende und aufdringliche Menschenmasse an den Käfigen vorbei. Diese Menschen, die in panischer Todesangst davonstürzen würden, wenn sie eine dieser «Bestien» auch nur von weitem in Freiheit erblickten, vergnügen sich daran, sie so wehrlos, erniedrigt und entwürdigt vor sich zu sehen. Sie rächen sich für ihre eigene Feigheit, indem sie die Tiere provozieren, sie mit lauter Stimme anrufen, an ihren Ketten zerren. Und die Ermahnungen der Wärter prallen ab an dem einzigen Argument: «Ich habe bezahlt!»

Wir berühren hier das dunkelste Kapitel der Mensch-Tier-Beziehung, mit dem sich einmal – wie Ellenberger vorschlägt – die Kriminologie befassen müßte. Die Aggressivität des Menschen gegen das Tier im Käfig nimmt oft Formen entsetzlichster Grausamkeit an. Einige Beispiele mögen genügen. Im römischen Zoo stopfte ein Besucher dem Okapi ein Taschentuch in die Kehle. Das Tier starb einen qualvollen Erstikkungstod. In den USA überraschte die Polizei eine Bande von Jugendlichen, die nachts in den Zoo eingedrungen waren, um Tiere zu verstümmeln. Eine Frau blendete eine Robbe, indem sie ihr eine Schirmspitze ins Auge stach. Auf die Frage, warum sie das getan hatte, antwortete sie: «Um zu sehen, wie das Biest reagiert.»

Das sind nur einige Geschehnisse, die ein wenig Aufsehen

erregt haben, während die Fülle der Aggressionen in der sonntäglichen Menge untergeht und kaum auffällt. Die Wärter bestätigen, daß es sich um ein Phänomen von ungeheurem Ausmaß handelt. Die harmlosesten «Spiele» bestehen darin, die Tiere mit Stöcken und Steinen aufzustören. Aber da sind auch Leute, die ihre Zigarette in der bettelnd ausgestreckten Hand des Äffchens ausdrücken oder die den Tieren Rasierklingen, Glasscherben oder verfaulte Speisen zu essen geben oder die Flaschen in die Gehege werfen, damit sie sich die Pfoten zerschneiden. Hier noch ein Zeugnis von Vera Hegi: «Das Niedrigste und Perverseste, was eine große Stadt enthält, gibt sich ein Rendezvous im zoologischen Garten. Die Aufmerksamkeit der sorgsamsten Wächter kann nicht verhindern, daß es den Besuchern gelingt, den Tieren jede Art von Müll in den Rachen zu werfen – Steine, brennende Streichhölzer, Glasscherben. Oder sie spucken ihnen in den Mund und übertragen ihnen Tuberkulose und andere ansteckende Krankheiten. Daran sind zum Beispiel Dutzende unserer Affen gestorben.»

Die Aussagen, die wir bei Zoowärtern gesammelt haben, erlauben die Feststellung, daß wir es hier keineswegs mit den üblen Bräuchen früherer Zeiten zu tun haben. Sie sind nach wie vor weit verbreitet, trotz eines höheren Bewußtseins und der in allen sozialen Schichten anscheinend gestiegenen Achtung für Tiere.

Was sind die Gründe für diese Aggressionen gegen die Tiere? Die Personen, die bei solchen Taten gefaßt werden konnten, gaben immer nur allgemeine und ausweichende Antworten. Als Verhaltensforscher vermutet Mainardi, daß viele Menschen in den Zoo gehen, «auf der Suche nach geeigneten Anreizen für eine Triebabfuhr, die in keiner anderen Situation erlaubt wäre. Es mag so sein, daß das zivilisierte Leben eine Reihe urtümlicher Verhaltensweisen unterdrückt, weil es keine Opfer dafür zur Verfügung stellt. So bilden die Zootiere den Auslöser für verdrängte Grausamkeit und für gewisse Vergnügen, die wir als krankhaft betrachten. Wir wissen, daß ein Tier – und darunter verstehe ich auch den Menschen – sich auf die Suche nach einem geeigneten Stimulans macht, wenn bestimmte innere Triebe zu stark werden und Druck erzeugen. Wenn also Zootiere gewisse Verhaltensweisen auslösen, dann zeigt das, daß diese gewissen primitiven Trieben entsprechen, die unterdrückt werden müssen. Es kann sich etwa um eine Form der Gewalttätigkeit gegenüber dem Geringeren handeln, die im bürgerlichen Leben nicht ausgelebt werden darf, was aber in primitiveren Gesellschaftsformen möglich war. Es kann auch die Tendenz sein, sich eine Vorrangstellung gegenüber einem anderen Individuum zu verschaffen. Das Tier wird hier also wie ein minderes Individuum der eigenen Gattung betrachtet.»

Gehen wir also vielleicht in den Zoo auf der unbewußten Suche nach jener primitiven Gesellschaft, die streng hierarchisch organisiert ist und in der jeder seine Aggressionen auf das untergeordnete Individuum entlädt? Ist das Zootier demnach der «Sündenbock», das «Omega»-Wesen, das man ungestraft verfolgen kann, ein Wesen, das es in der zivilisierten Welt nicht mehr als Institution gibt?

Die Meinung des Psychiaters hierzu ist differenzierter und komplexer. De Martis bietet folgende Erklärung an: «Es besteht vor allem eine ambivalente Haltung gegenüber dem Ausgeschlossenen, sei es Mensch oder Tier. Jede Abweichung von der Normalität wird durch strenge Ausgrenzung unter Kontrolle gehalten. Diese Ausgrenzung repräsentiert das Negative, sie wirkt wie ein Zerrspiegel, in dem sich der Mensch gern anschaut, während er gleichzeitig diesem Bild von sich selbst entfliehen will. Diese Spiegelfunktion bringt uns wieder auf den Vergleich Zoo–Irrenhaus zurück, insofern als auch das Betrachten der Verrückten diese – zweifellos krankhaften – Elemente der gleichzeitigen Anziehung und Abstoßung enthält. Das erklärt, warum die Leute im 18. Jahrhundert so gern Irrenhäuser besuchten.»

Um die Tier–Mensch-Beziehung besser zu verstehen,

man analysieren, wie das Tier in unserer Kultur gesehen und eingeschätzt wird, eine Wertung, die wir von früher Kindheit an übernehmen. Dazu de Martis: «Denken wir an die Welt der Kindheit, die mit Tieren bevölkert ist. Diese Tiere dienen nicht dazu, mit ihrer Tierheit, ihrem eigenen Wesen, vertraut zu werden. Vielmehr stellen sie Objekte dar, mit denen das Kind spielt, um seine eigenen Probleme, seine Beziehungen zu seiner Familie auf sie zu projizieren. Der Zoo bietet in einer Art Theater wieder eine Situation an, die uns diese Dimension zurückbringt. Wenn wir in den Zoo gehen, werden wir alle wieder ein wenig Kind. Nicht umsonst gilt der Zoobesuch als Kindervergnügen, während sich dann tatsächlich die Erwachsenen schlimmer aufführen als die Kinder.»

In einer Volksschule in Turin wurde den Kindern aufgegeben, ihre Familie in Zeichnungen zu beschreiben. Die meisten stellten die Familienmitglieder als Tiere dar. So war die Mutter zum Beispiel in einer Zeichnung eine riesige Tigerin, der Vater ein kleinerer Tiger, rot umrandet («weil er sich immer so aufregt», erklärte das Kind), die Kinder waren kleine Tiger mit erschreckten Gesichtern. Die Mehrzahl hatte wilde Tiere gewählt. De Martis schließt daraus: «In den Zoo zu gehen kann eine Art von Regression darstellen, die einen therapeutischen Effekt hat. Wie die Benutzung des Tieres im Märchen, im Traum oder im Spiel eine Art Selbsttherapie darstellt, eine spielerische Befreiung, die dazu hilft, mit Spannungen fertig zu werden, die sonst für das Kind nicht beherrschbar wären. Es wäre sicher interessant, Umfragen über die Motive zu machen, die die Leute in den Zoo treiben, aber bestimmte Verhaltensweisen wie Spott und Aggressivität zeigen schon deutlich, daß das Zootier «vermenschlicht» gesehen wird. Das heißt, wenn sich jemand dem Leoparden oder den Affen zuwendet, projiziert er in den Leoparden oder den Affen in spielerischer Form eigene Probleme. Er kontrolliert die Angst vor seiner eigenen Aggressivität, indem er es genießt, das wilde Tier zu völliger Ohnmacht verurteilt zu sehen.»

Aus alledem ergibt sich der Schluß, daß es keine kulturellen oder intellektuellen Gründe sind, warum wir Tiere in Käfige sperren. Es geschieht, weil es Entlastung bringt, weil es uns befriedigt. Sie dienen uns, um atavistische Triebe in uns zu entfesseln oder um uns zu versichern, daß wir das andere, das von uns «Verschiedene», das Böse in uns, unter Kontrolle haben. Wie das Kind die Tiere benutzt, um Spannungen abzubauen, die es mit seiner Familie hat, so benutzen wir vielleicht die Tiere, um uns vorzumachen, daß unsere «Animalität», unsere Instinkte, im Käfig sind und uns nicht schaden können. Oder um Kompensation für ein unbefriedigendes Leben zu suchen. In jedem Fall ist das Tier das unschuldige Opfer unserer dunklen Nöte.

17

Die geborenen Killer

Die Zoos sind nicht nur Gefängnisse. Sie sind auch, nach einer Formulierung von Morus (Richard Lewinsohn), «Totenhäuser für Tiere». Aus einem neueröffneten Zoo in Südamerika führt Lewinsohn ein Verzeichnis von Todesfällen bei Vögeln an: «Von acht Exemplaren der Aratinga jandais starben sieben im ersten Monat, der achte nach vierundvierzig Tagen. Im ersten Monat starben auch zwei Pyrrhura cruentata. Die fünf Tyto alba suidare starben binnen elf Tagen.»

Dr. Herbert Ratcliffe hat aufgrund von Autopsien, die er in den Jahren 1931 bis 1956 im Zoo von Philadelphia vornahm, festgestellt, daß bei den gefangenen Säugetieren die Arteriosklerose um das Zehnfache, bei den Vögeln um das Zwanzigfache zugenommen hatte. Ratcliffe beobachtete auch eine Zunahme von Krebs und Ulcer, Krankheiten, die in der Natur nur äußerst selten auftreten. Das beeindruckendste Phänomen ist die hohe Zahl von Tieren, die selbstzerstörerische Handlungen vornehmen. Da gibt es den Fall des Gorillas im Zoo von Philadelphia, der starb, nachdem er sich ein Haar nach dem anderen einzeln ausgerissen hatte. Die Vögel reißen sich die Federn aus oder verletzen sich mit dem Schnabel. Die Affen kratzen sich wie wild, bis der ganze Körper mit Wunden bedeckt ist. Sie entwickeln auch schreckliche Formen der Selbstverstümmelung. Einige Primaten reißen sich in Wutanfällen die Genitalien ab. «Da kann man etwa zwei Affen in zwei aneinandergrenzenden Käfigen sehen», erzählt mir Morris. «Der eine fühlt sich getrieben, den anderen, seinen Rivalen, anzugreifen, weil er die zu große Nähe nicht erträgt. Da er die Gitter nicht überwinden und weder seinen Rivalen erreichen noch einen anderen attackieren kann, weil er allein lebt, richtet sich seine Aggression gegen sich selbst. So kommt es, daß Affen, die nicht auf andere Weise ‹Dampf ablassen› können, sich die eigenen Hände zerbeißen und schwere Verletzungen davontragen.»

Paul de la Panouse berichtet: «In den letzten drei Jahren habe ich persönlich in Frankreich drei Fälle erlebt, wo sich Panther die eigene Vordertatze abgefressen haben – wohlbemerkt, obwohl sie gut genährt waren. Das ist eine Erscheinungsform von Selbstzerstörung, die dem Wahnsinn entspringt.»

Im Frankfurter Zoo hat ein Schakal seinen Schwanz aufgefressen, eine Hyäne ihre Hinterpfoten, ein Makake seinen Penis und seine Hoden. Im Zoo von Leipzig mußte man einen Löwen töten, der seinen Schwanz bis auf einen kurzen blutigen Stummel abgenagt hatte. In Schönbrunn war es ein Opossum, das sich, einige Monate nachdem es in Gefangenschaft gebracht worden war, den Schwanz ausriß und daran starb. Monica Holzapfel berichtet von zwei Murmeltieren des Berner Zoos, die sich die Schwänze verstümmelt haben. Bei einem von ihnen begann die Selbstverstümmelung damit, daß es dem eigenen Schwanz nachrannte, um damit zu spielen.

Nach Mainardi «scheint die Selbstverstümmelung eine Folge der Unterdrückung dessen zu sein, was man früher den Jagdinstinkt nannte». Das Tier, das keine Beute zu verfolgen hat, richtet seine Aggressivität gegen sich selbst. Es kommen aber auch andere Ursachen in Betracht: die Langeweile, die sexuelle Frustration, die Eifersucht. Alles kommt zusammen in der Häufung der unnatürlichen Situationen, die wir beschrieben haben und die für den Zoo charakteristisch sind. Ein anderes unübersehbares Zeichen für die Störungen, die die Tiere befallen und die Zoos in Totenhäuser verwandeln, zeigt sich in den Massakern, die von Tieren derselben Gattung aneinander verübt werden und die in der Natur nie vorkommen.

«Ein Käfig für Hirsche», bemerkt Bronzini, «darf keine Ekken haben, am besten ist es, wenn er rund ist, weil die Tiere sich im Kampf gegeneinander werfen und der Schwächere instinktiv eine Zuflucht sucht. Wenn der Unterlegene in dem Gehege Winkel findet, versucht er, sich dorthin zu retten im Glauben, daß sie Schutz bieten. Statt dessen findet er sich dort blockiert, und der Sieger bearbeitet ihn, bis er tot ist.»

«In einem normalen zoologischen Garten ist es unmöglich, mehr als zwei, drei Antilopen zusammenzulassen», erklärt Paul de la Panouse, «sie töten sich gegenseitig. Es gibt immer einen Sündenbock, und wenn er nicht genug Raum hat, um den Stärkeren zu entfliehen, wird er getötet. In den großen Zoos zählt man oft zehn bis zwölf Antilopen, die im Kampf umgekommen sind. Das ist eine enorme Zahl, besonders wenn man bedenkt, daß es sich um sehr seltene und im Aussterben begriffene Tiere handelt.»

Das gleiche gilt für die Zebras. Wenn man nicht bei der abendlichen Rückkehr in die Ställe sorgfältig darauf achtet, sie auseinanderzuhalten, attackieren sie sich gegenseitig mit Hufschlägen, die tödlich sein können. Bei den Affen sind es vor allem die Weibchen und die Jungen, die wahren Metzeleien brutaler Männchen zum Opfer fallen. Die Ausbrüche grausamer Wildheit ereignen sich fast immer völlig unmotiviert. Dennoch sollten uns einige scheinbare Randerscheinungen zu denken geben:

«Im Laboratorium», sagte mir Mainardi, «wird man oft Zeuge extremer Aggressionsäußerungen von Tieren gegen Menschen. Diese Aggressivität ist mit Sicherheit pathologisch. Es handelt sich oft um Tiere, die nicht mehr der natürlichen Selektion unterworfen sind und bei denen sich erblich bedingte Verhaltensschädigungen herausbilden. In der Natur würden sie sofort ausgemerzt, da sie der Arterhaltung hinderlich sind, im Laboratorium hingegen überleben sie. Es ist zum Beispiel leicht, unter den erwachsenen männlichen Mäusen Individuen zu finden, die wahre Mörder sind, das heißt, die alle anderen Männchen, mit denen sie in Kontakt kommen, umbringen. Anders gesagt: sie sind nicht mehr in der Lage, die Unterwerfungssignale, die die anderen senden, wahrzunehmen. Sie sind geborene Killer, die sich im Labor vermehren und ganze Linien von Mördermäusen bilden. In der Natur ist individuelle Aggressivität gruppenschädlich und wird deshalb eliminiert.»

Dadurch, daß der Mensch sie in Käfige sperrt, sie domestiziert und denaturiert, entzieht er die Tiere dem natürlichen Selektionsdruck. Im Zoo beobachtet man Fälle von Aggression sogar bei offensichtlich friedfertigen und vollkommen domestizierten Tieren.

Bronzini sagt dazu: «Das sind im allgemeinen plötzliche Jähzornsausbrüche, unvorhersehbar, oft ohne jedes Motiv, das heißt, ohne daß das Tier irgendwie belästigt wurde oder Angst hatte. Solche unberechenbaren Handlungen haben schon manches Unglück über die Zoos gebracht, denn oft hat ein Wärter dabei sein Leben verloren. Hauptsächlich passiert das bei Elefanten, die, vorher gutmütig und zahm, sich plötzlich ohne erkennbaren Grund auf ihren Wärter stürzen.»

Die Elefanten sind nicht die einzigen. Auch andere Tiere, zum Beispiel Hirsche, haben schon Menschen oder andere Tiere in absolut unvorhersehbarer Weise attackiert. Sanfte, ruhige Tiere werden auf einmal wütend und greifen jemanden an, der kurz vorher noch ihr Freund war, wobei oft schwere Verletzungen entstehen. Ein anderes Beispiel ist der Rehbock. Wenn er von Menschen aufgezogen und domestiziert wurde, greift er oft seine Adoptiveltern an. Er kann auch nicht in Freiheit gesetzt werden, da er dazu neigt, alle Artgenossen, denen er begegnet, zu attackieren. Die Gründe für dieses Verhalten sind nie genau erkannt worden. Aber mit Sicherheit sind sie auf die Gefangenschaft zurückzuführen. Wie kann man sich darüber wundern, wenn der Tiger die Pranke durchs Gitter streckt und dem nächststehenden Besucher die Hand oder den Fuß abreißt? Wie kann man sich darüber wundern, daß Pippo, der Schimpanse vom römischen Zoo, Fellini die Fingerkuppe abbeißt, obwohl er ihm noch wenige Minuten zuvor seine Freundschaft bezeugt hatte?

Die Gefangenschaft verändert nicht nur Charakter und Temperament des Tieres, sie verändert auf Dauer auch seine Erbstruktur. Lorenz macht darauf aufmerksam. «Die Genetiker haben zu Recht auf die Tatsache hingewiesen, daß die Tiere sich in Gefangenschaft deshalb nicht fortpflanzen, weil die Gefangenschaft alle Selektionsfaktoren ändert, die bis dahin wirksam waren. Sie ändert sie so radikal, daß man sich nicht zu wundern braucht, wenn schon nach wenigen Generationen schwere Veränderungen an den Keimen des Stammes auftreten, den man sich fortpflanzen läßt. In den durch phylogenetische Anpassung erworbenen Verhaltensmechanismen können diese Veränderungen Defekte hervorrufen, die den pathologischen Auswirkungen einer schlechten Aufzucht sehr ähnlich sind.»

Wenn der Mensch mit seiner willkürlichen Zerstörung der natürlichen Lebensräume fortfährt, könnte es dahin kommen, daß wir in einigen Jahrzehnten in den Zoos völlig andere Tiere haben als die, die in Freiheit lebten. Und wie können wir sicher sein, daß wir statt domestizierter wilder Tiere etwas ganz anderes heranzüchten, nämlich die von Mainardi so genannten «geborenen Killer»?

18 Den Zoo abschaffen?

Wir beenden hier das Dossier über den tierlichen Wahnsinn. Es handelt sich vorerst um eine fragmentarische Dokumentation, einen Überblick über vereinzelte Bemühungen einiger Verhaltensforscher, Zoologen, Psychologen und Psychiater. Es fehlen noch gründliche und fachübergreifende Untersuchungen zu diesem Thema. Dennoch ist das vorliegende Material gewichtig genug, um den Menschen zur Verantwortung zu rufen. Mit welchem Recht maßt sich der Mensch an, das Tier als ein Objekt anzusehen, das er nach Belieben manipulieren darf? Nachdem die absurde Annahme, das Tier erlebe weder Freude noch Schmerz, heute definitiv unhaltbar geworden ist – wie können wir da noch die Gewalt rechtfertigen, die wir fortlaufend an ihm verüben? Welches Fundament stützt unsere Anmaßung, den Tieren Lebensformen aufzuzwingen, die den Naturgesetzen und jedem rationalen Prinzip widersprechen?

Mehr oder weniger bewußt beginnen diese Fragen in allen westlichen Kulturstaaten zu zirkulieren. Der Irrtum, das Tier seiner wahren Identität zu berauben, wendet sich bereits gegen uns selbst. «Wenn es keine Tiere gäbe», schrieb schon Buffon, «wäre die Natur des Menschen noch unverständlicher.» Hatten nicht vielleicht die Indianer recht, die das Leben des Tieres genauso achteten wie das Leben des Menschen? In der großen Bewegung der Wiederaufwertung der Natur, die in der ganzen westlichen Zivilisation in Gang gekommen ist, stellt sich auch das Problem des Zoos. Ist er eine Institution, die es zu bewahren gilt, oder muß sie abgeschafft werden, weil sie anachronistisch ist und ihren eigenen Zielsetzungen widerspricht? Es gibt ein breites Meinungsspektrum zu diesem lebhaft diskutierten Thema. Drei Grundhaltungen bilden sich heraus: die der Konservativen, der Reformisten und der «Revolutionäre».

Die Position der Konservativen läßt sich mit den Worten von Professor Ermanno Bronzini, Direktor des römischen Zoos und Präsident der Italienischen Vereinigung der Zoologischen Gärten, zusammenfassen:

«Der Zoo ist ein Zentrum der Naturforschung. Er dient der Verbreitung zoologischer Kenntnisse, der korrekten Beobachtung der Erscheinungen des Tierlebens, der Bildung einer tierfreundlichen Einstellung auf der Basis einer biologischen Ethik, das heißt der Achtung vor dem Leben. Er ist darüber hinaus ein großes Experimentierfeld, um fremde Spezies an die lokale Fauna zu akklimatisieren, um bedrohte Arten zu schützen, um diejenigen zu erhalten, die in Freiheit leben. Schließlich ist er ein Institut, das wissenschaftlich das reiche und vielfältige biologische Material bearbeitet und der Allgemeinheit zur Verfügung stellt.»

Die Sorgen der Konservativen sind vorwiegend biologischer Natur. Das Statut der Italienischen Vereinigung der Zoologischen Gärten nimmt sich in Punkt 2 vor, «sicherzustellen, daß den Zoos alle benötigten Mittel zur Verfügung stehen, um eine korrekte Regulierung der biologischen Fauna zu garantieren». Der Traum der Konservativen ist, den perfekten Zoo zu schaffen. Was ist der perfekte Zoo? Einer, dessen Käfige Formen haben, die den Bedürfnissen der Tiere Rechnung tragen und in denen sich die Arten glücklich vermehren, besonders diejenigen, die in freier Natur auszusterben drohen. Die Konservativen akzeptieren nicht den Einwand, daß der perfekte

Zoo offensichtlich nicht existiert. Vielleicht könnte er für sie existieren, aber mit Sicherheit nicht für die Tiere.

Einem Geschöpf, das sich im Lauf von Jahrtausenden herausgebildet hat, um im Wald oder in der Steppe zu leben, kann der Zoo nur Demütigung und Frustration bieten. Von wenigen Ausnahmen abgesehen ist der Zoo auch nicht imstande, aussterbende Arten zu bewahren. Wie wir gesehen haben, wachsen im Zoo ganz *andere* Tiere heran. Sie in die Natur zurückzusetzen ist ein Risiko, weil sie sich oft nicht mehr an die Bedingungen ihrer ursprünglichen Umgebung anpassen können. «Ein Tier, das an eine lange Gefangenschaft gewöhnt ist», sagte mir Dr. Charles Gaithy vom Nationalpark in Nairobi, «hat Angst, in die Wildnis zurückzukehren, da es seine Verteidigungsinstinkte verloren hat. Es freizulassen deutet, es tödlichen Gefahren auszuliefern. Es ist seit Jahren gewohnt, daß es versorgt wird und zu essen bekommt. In Freiheit würde es sofort getötet oder geriete in große Not. Und es gibt Tiere, die sich nie mehr an die Freiheit gewöhnen können, soviel Mühe man sich auch gibt.»

«Zu glauben, daß ein in seine Umgebung zurückgebrachtes Tier, nachdem es länger in Gefangenschaft war, sofort losrennen und seinen alten Rhythmus wiederaufnehmen könnte, ist eine romantische Idee», sagt Morris. Unter den Konservativen findet sich auch die Französische Vereinigung der privaten Zoologischen Gärten und Parks. Nach Angaben ihres Sekretärs, Dr. Michael Klein, erfüllen nur 30 von 140 Privatzoos in Frankreich die Anforderungen, die zum Wohlergehen der Tiere, zur Sicherheit der Besucher und zur Annahme irgendeines sozialen Zwecks zu stellen sind. Klein erzählte mir: «Wir haben eine starke Zunahme sogenannter Zoos beobachtet und dabei festgestellt, daß über 100 davon ohne die geringste Kompetenz betrieben werden, von Leuten, die nichts anderes mitbringen als ein Stück Land und die Lust, aus der Ignoranz der Leute und ihrer Neugier auf Tiere Geld zu machen. Wir betrachten das alles als Mißbrauch. Deshalb fordern wir jetzt von den Regierungsbehörden sehr strenge Zulassungsbestimmungen und das Recht für unsere Vereinigung, über Neueröffnungen zu entscheiden und die Schließung der unzulänglichen durchzusetzen.»

Im allgemeinen geben sich die Konservativen alle Mühe, die Zoos so zu erhalten, wie sie sind, mit einigen Verbesserungen unwesentlicher Art. Ihre Anstrengungen sind darauf gerichtet, ihre Privilegien zu erhalten und vom Staat noch mehr Befugnisse und Subventionen zu bekommen.

Der Fahnenträger der Reformisten ist Desmond Morris. Er spricht sich gegen die Abschaffung der Zoos aus, «weil jedes Tier, das im Zoo lebt, eine Art Botschafter seiner Gattung ist, und ich möchte, daß die diplomatischen Kanäle zwischen uns und den anderen Spezies erhalten bleiben. Wenn sie geschlossen werden, riskieren wir, den Kontakt zu den wilden Tieren zu verlieren, und das wäre sehr schlimm.»

Der Zoo der Zukunft soll jedoch einer sein, der vor allem den Erkenntnissen der Tierpsychologie Rechnung trägt. «Der ideale Zoo», meint Morris, «wird ein spezialisierter sein. Das Problem der bisherigen Zoos ist, daß die Direktoren sich immer bemüht haben, ein oder mehrere Exemplare von einer Gattung zu besitzen. Das Ergebnis ist eine quälende Überfüllung mit Tieren der verschiedensten Art. Auch wenn es sehr interessant ist, die unterschiedlichen Rassen nebeneinander zu sehen, ist es doch andererseits unmöglich, ein Experte für sämtliche Tierarten zu sein. Ich spreche aus Erfahrung. Um das Verhalten eines Tieres zu studieren, um eine einzige Art kennenzulernen, habe ich drei bis vier Jahre aufgewandt. Wie kann sich ein Zoodirektor wirklich gut mit fünfzig oder sechzig Arten auskennen? Ich glaube, daß er das nicht kann. Deshalb wird sich der Zoo der Zukunft auf eine einzige Tiergattung konzentrieren müssen. Das System existiert schon mancherorts. Es gibt zum Beispiel Aquarien; andere konzentrieren sich auf Vögel oder Affen, und man könnte sich einen sehr faszinierenden Insekten-Zoo vorstellen, vorausgesetzt, daß er äußerst sorgfältig geführt wird. Jeder dieser Zoos hätte sein eigenes Wissen und seine eigene Qualität.»

Der Einwand, der einem dazu gleich einfällt, ist, daß das Publikum vermutlich wenig von den spezialisierten Zoos angezogen wäre. Es liebt gerade die Vielfalt der Tierwelt. Morris erwidert, daß es bereits spezialisierte Zoos gebe und daß sie von Tausenden besucht würden. Das Publikum werde schon lernen, Gefallen am Anblick von Tieren zu finden, die in einer Umgebung leben, die ihrer natürlichen soweit wie möglich angepaßt ist. Er schlägt zum Beispiel vor, Zoos für «die großen Brocken», das heißt für die Riesen der Tierwelt, die Elefanten, Nashörner und Nilpferde einzurichten; oder Zoos, die auf Großkatzen spezialisiert sind, wo der Besucher die sechsunddreißig Katzenarten vereint bewundern kann, vom Tiger bis zur Wildkatze.

Auf der Linie der Reformisten bewegt sich auch das britische House of Lords, das ein Gesetz beschlossen hat, wonach Tiere nur nach dem Urteil von Ethologen zusammengestellt werden dürfen. Nur dadurch könne gewährleistet werden, daß sie gemäß ihren biopsychischen Bedürfnissen behandelt werden.

Ähnlich verlangt in Italien das «Comitato civico di azione zoofila» eine strengere Kontrolle in allen Tierhaltungen, von den Legebatterien bis zur Jagd, insbesondere, «daß Tiere nur in Einrichtungen leben dürfen, die den biologischen Erfordernissen der jeweiligen Art entsprechen; daß die Zoos nach und nach in Tierparks umgewandelt werden, ohne Gitter und Käfige, wo das Tier wegen Raummangels seine charakteristischen Verhaltensweisen und seine psychischen und geistigen Züge verliert oder ändert». Das Komitee fordert weiter, «daß im Zirkus und in jedem anderen Bereich jegliche Zurschaustellung dressierter Tiere zu verbieten ist. Es ist bekannt, daß die Dressur mit grausamen Methoden erfolgt; mit Schlägen, Nahrungsentzug, Patronen, die in empfindliche Körperteile geschossen werden, Mistgabelstichen, mit glühendem Eisen, Elektroschocks, Schlafmitteln und Drogen.»

Bei der Verwirklichung ihrer Vorstellungen hat die reformistische Bewegung einige Erfolge zu verzeichnen. Viele Zoos stellen sich um und tragen bei der Neuorganisation den Ratschlägen der Verhaltensforscher Rechnung. In diesem Sinn ist der Zoo von San Diego in Kalifornien der fortschrittlichste. Dort hat man sich sehr angestrengt, die natürliche Umgebung der Tiere nachzustellen. Für den Koalabären wurde zum Beispiel zehn Jahre im voraus ein Eukalyptuswald angelegt. Man weiß, daß das Tier auf diesen Bäumen lebt und sich davon ernährt. Der erste Koala wird erst eingeführt, wenn die Bäume hoch genug gewachsen sind.

Die «Safari-Parks» oder «Zoo-Parks» gehören ebenfalls in diese Kategorie. Da es sich um eine Überwindung des traditionellen Zoobegriffs handelt, lohnt es sich, sie näher zu betrachten, zumal die Idee auf der gleichen Linie zu liegen scheint wie die Reformtendenzen im Strafvollzug und in der Psychiatrie. Von der strengen Einschließung in Käfige oder Zellen geht man langsam zu Formen der Halbfreiheit oder der bedingten Freiheit über. Das bezeichnendste Beispiel für den Safari-Park ist das «Afrikanische Reservat» von Thoiry in Frankreich.

19

Der Mensch im Käfig

57 Löwen in Freiheit, 43 Briefmanuskripte und Hunderte von Briefen mit Unterschriften der Könige von Frankreich, beginnend bei Philipp dem Schönen bis zu Louis Philippe, über Heinrich IV., Ludwig XIII., Ludwig XIV., 4 Elefanten, 3 Giraffen, 2 unveröffentlichte Walzer von Chopin, 350 Affen, das einzige Clavicembalo der Welt, das seit 1733 nicht restauriert worden ist, die einzigen weißen Nashörner, die jemals in Frankreich gesehen wurden...»

So beginnt das, was sich pompös «Das Buch von Thoiry» nennt und was man einfacher einen Werbeprospekt nennen könnte. Man bietet dem gierigen Publikum eine doppelte Besichtigung an: mehr oder weniger seltene Tiere und besonders seltene historische Schaustücke. Tiger und Löwen, chinesische Vasen und Tapisserien, Affen und Gemälde werden in einer munteren Mischung auf die gleiche Stufe gestellt. Sagen wir's gleich, daß sich die über eine Million jährlicher Besucher von Thoiry herzlich wenig um die historischen Souvenirs kümmern – Chopins Walzer und chinesische Vasen eingeschlossen. Die wahre Attraktion bilden die Tiere.

Die Institution der «Safari-Parks» verdankt ihre Entstehung einem britischen Adligen. In der Hoffnung, seinen Park aufzuwerten, setzte er einige Löwen hinein und öffnete ihn für Publikum. Die Anfänge waren nicht ermutigend. Die vierzig

Löwen, die auf das Gut Windsor gebracht worden waren, lieferten sich einen erbitterten Kampf. Am nächsten Tag waren nur noch achtzehn übrig.

Als die Erprobungsphase beendet war, erwies sich die Initiative als ein außerordentlich lukratives Geschäft. Der Publikumserfolg stellte sich sofort ein. Die Safari-Parks breiten sich seitdem wie eine Epidemie über Europa aus. In Italien gibt es zwei, und die Nachfrage nach Lizenzen zur Eröffnung von weiteren nimmt zu. Es gibt keine unterentwickelte Region, die nicht ihr Heil auf diesem Wege sucht.

Unter den Safari-Parks ist Thoiry dank Snobismus und Raffinement der berühmteste. Hier hat die Verbindung Adel und Tiere ein Maximum an Perfektion erreicht. Der Besitzer von Thoiry, Graf Paul de la Panouse, ist ein Mann von Talent, mit dem Vorzug der Aufrichtigkeit. Er ist auch ein Tierkenner, aber er versucht nicht, seine Unternehmung mit wissenschaftlichen oder moralischen Vorwänden zu bemänteln. Offen bekennt er, daß es ihm nur darauf ankommt, das Schloß aus dem Jahr 1500, ein Werk von Philibert Delorme, und das dazugehörige große Gut zu erhalten.

«Versetzen Sie sich in meine Lage», erklärt der Graf. «Wenn Sie ein Schloß hätten, in dem 10000 Fenster mindestens einmal im Monat zu putzen sind; einen Park, mit 15 Hektar Rasen, der alle zehn Tage gemäht, und sechs Kilometer Baumreihen, die alle zwei Jahre beschnitten werden müssen, dazu 1500 Bäume Hochwald, die jedes Jahr zu pflanzen sind – und das alles ohne staatliche Subventionen, im Gegenteil, mit Steuern belegt – dann würden Sie meine Situation verstehen. Mein Schicksal und das meiner Familie wäre wahrscheinlich dasselbe gewesen wie das vieler anderer Adligen: Das Gut wäre verkauft worden, und wir wären entwurzelt. So aber haben wir eine Rolle und eine Funktion in unserer Gesellschaft gefunden.»

Der Safari-Park von Thoiry ist tatsächlich ein blühendes Unternehmen. Die jährlichen Einnahmen betragen etwa 15

Millionen Franc. Das erlaubt dem Grafen nicht nur, den Besitz zu unterhalten, sondern ihn noch zu verbessern. Er trägt sich mit der Absicht, in Frankreich und im übrigen Europa weitere Safari-Parks einzurichten. Adel verpflichtet. Die Faszination des Adels ist noch nicht tot, und die der Wildtiere ist im Aufstieg begriffen. Die Mischung ist geschickt, und das Rezept wird angewendet, solange es sich rentiert.

Was hat Thoiry einem traditionellen Zoo voraus? Zunächst einmal haben die Tiere mehr Platz. Statt weniger Quadratmeter stehen ihnen 55 Hektar zur Verfügung, mit Wiesen, Wäldern, Teichen, künstlichen Seen. Es ist die Illusion der Freiheit. Auf den ersten Blick erscheint Thoiry wie ein Mustergefängnis. Die Tiere sind Gefangene, aber sie wissen es nicht. Oder man tut wenigstens alles, um es sie nicht merken zu lassen. Es gibt hohe Einfriedungen, Stacheldraht, Wächter in Schilderhäuschen, elektrisch geladene Zäune, aber alles ist auf einem so weitläufigen Gelände verteilt, daß man es kaum wahrnimmt.

Die Kriterien, die Paul de la Panouse in seinem «Afrikanischen Reservat» befolgt, nähern sich dem, was Desmond Morris vorschlägt. Der Park ist in Bereiche aufgegliedert, in denen verschiedene Arten leben, getrennt von den anderen, aber in großen Gruppen. Da gibt es den Löwenpark, wo 57 Löwen, nach Stämmen unterteilt, leben, von denen jeder sein eigenes Territorium hat. Da gibt es den Park der 350 Affen, den Antilopenpark mit zwölf Arten und zehn bis fünfzehn Tieren pro Stamm, den Tigerpark, den Bärenpark usw. Nach Meinung des Grafen haben die Tiere auf diese Weise die Möglichkeit, wie in der Natur in Gruppen zu leben, und die Besucher kommen, weil sie sich für ihr soziales Leben interessieren.

In Wirklichkeit ist es ganz anders. Die Leute kommen nicht nach Thoiry oder in einen anderen Safari-Park, um zu sehen, wie die Tiere in Halbfreiheit leben. Sie kommen aus einem anderen Grund, nämlich um den Kitzel des Abenteuers zu erleben. Das wahrhaft Neue an den Safari-Parks ist, daß der Besuch im Auto stattfindet. Zum Preis von 49 Franc (15 Mark; 46 Franc für Kinder) wird man nach Passieren des großen Gittertors eingelassen und befindet sich auf einer breiten Asphaltstraße, die das Gut durchquert. An Feiertagen stauen sich die Wagen. Welch ein afrikanisches Reservat! «Man glaubt, sich in Rom auf der Via Veneto um zehn Uhr abends zu befinden», schreibt Mino Monicelli.

Im Vergleich zum gewöhnlichen Zoo ist die Begegnung von Mensch und Tier tatsächlich umgedreht: Es ist das halbfreie Tier, das sich dem Menschen nähert, der in dem Käfig seines Autos eingesperrt ist. Da findet sich der Pariser plötzlich Auge in Auge, nur durch eine Glasscheibe getrennt, mit dem Löwen und seiner sagenhaften Wildheit, mit dem bedrohlichen Nashorn, mit dem unberechenbaren Elefanten oder dem schrecklichen Bären von den Rocky Mountains. In Wirklichkeit nähern sich die Tiere dem Besucher ohne jede bedrohliche Absicht, sie sind höchstens von der Aussicht auf einen Leckerbissen angezogen. Aber was macht das? Die Illusion des erregenden Kontakts mit der Wildnis bleibt bestehen.

Wenn das Tier sich gänzlich uninteressiert zeigt, was gewöhnlich der Fall ist, dann ist es der Besucher, der es herausfordert, indem er das Fenster herunterdreht, es ruft, es verhöhnt und ihm Zuckerle anbietet. Dann steckt das Zebra sein Maul mit den riesigen Zähnen in den Wagen, und alle kauern sich kreischend in ihren Sitzen zusammen. Der Braunbär streckt seine gewaltige Tatze durch die Tür und hinterläßt so den bleibenden Eindruck eines gefährlichen Moments, ob wahr oder eingebildet. «Die Besucher machen die unglaublichsten Sachen», erzählt Paul de la Panouse. «Sie öffnen die Fenster, was verboten ist, bieten einem Bären ein Stück Schokolade an und ziehen es wieder weg, bevor er es aufgefressen hat. Die Bären werden wütend und können gefährlich werden. Wenn der Besucher dann erschrocken das Fenster zudreht, haut der Bär mit seiner Pranke dagegen, zerbricht die Scheibe und verletzt sich und wird noch wütender. Einmal mußten wir einen Löwen abschlachten, um einen Besucher zu schützen, der aus dem Auto gestiegen war. Einige Bären haben Verbrennungen von Zigaretten. Von den Affen haben die meisten Brandnarben von Zigaretten.»

Die Besucher scheinen von einer Art Masochismus befallen zu sein. Vielleicht wollen sie unbewußt, daß das Tier sie angreift, damit sie ihre eigene Aggressivität herauslassen können. Wie derjenige, der einen armen Narren provoziert, um den Vorwand zu haben, ihn zu verprügeln. Denn um Verrückte handelt es sich immer. Das Tier im Safari-Park scheint frei, scheint gesund, scheint in seiner Umgebung integriert. In Wirklichkeit ist sein Zustand nicht viel anders als der der Zoo-Tiere. Die 57 Löwen von Thoiry sind nur in der Vorstellung des Publikums schreckerregend. Tatsächlich sind sie gleichgültig, jeder echten Anregung beraubt, zur Passivität verdammt. Sie verfügen über mehr Platz, aber sie haben nichts zu tun. Sie schlafen und essen. Sie werdem mit sechs Kilo Fleisch täglich gefüttert. Die Mahlzeit ist ihre einzige Abwechslung.

Noch deutlicher tritt der Irrsinn bei den Zebras und den Bären zutage. Wer in den Park hineinfährt, trifft gleich am Eingang auf die Zebras, die mitten auf der asphaltierten Straße stehen und ihn erwarten. Sie haben hektarweise Büsche und Bäume zur Verfügung, statt dessen stehen sie bei Regen oder Sonne unbeweglich auf dem Asphalt. Sie warten darauf, daß ein Wagen auftaucht, und kommen heran. Was wollen sie von den Menschen? Nahrung? Bestimmt nicht, denn die haben sie im Überfluß. Was sonst? Versuchen sie, wie die Menschen im Zoo, ihre Verrücktheit auf den Menschen zu übertragen?

Noch symptomatischer ist das Verhalten der Bären. Es sind 40, groß, mit glänzendem Fell, gut genährt. Sie verfügen über einen Wald und einen See und Gras und Blätter, soviel sie wollen. Und dennoch stehen sie auf der Asphaltstraße, lehnen sich an die Autos, folgen ihnen und tanzen dabei eine

Art von makabrem Menuett. Ist es wirklich der Leckerbissen? Oder die Not, in einer Umgebung leben zu müssen, die nicht die ihre ist?

Die Safari-Parks bilden vermutlich einen Übergang zu geeigneteren Formen des Umgangs von Menschen mit Wildtieren. Zur Zeit stellen sie nur eine illusionäre Wiederbelebung des mythischen «Paradeisos» dar, wo Menschen und Tiere friedlich Seite an Seite lebten. Aber das Zauberschloß von Thoiry genügt nicht, um das Märchen Wirklichkeit werden zu lassen.

20

Die Rechte der Tiere

Für die «Revolutionäre» stellt sich das Problem des Zoos überhaupt nicht: Für sie gehört der Zoo abgeschafft – wie jede andere Form der Ausbeutung von Tieren. Die revolutionär Denkenden bilden noch eine Minderheit, aber ihre Zahl wird täglich größer. Typisch für ihre Haltung ist die Einstellung von Frédéric Rossif: «Ich hasse den Zirkus und den Zoo, ich wünschte, sie würden alle geschlossen. Das ist Kolonialismus. Und wie in den Kolonialzeiten bedient man sich der Unterworfenen – der Tiere –, indem man sie degradiert, sich auf niedrigstem Niveau über ihre Exotik amüsiert oder sie sogar für Kriegszwecke benutzt – wie die Delphine.»

Der Vergleich mit dem Kolonialismus ist nicht zufällig. Er ist charakteristisch für die ideelle Motivation, die der Forderung nach einer grundsätzlichen Änderung der Mensch–Tier-Beziehung zugrunde liegt. Den vorgeschobensten Posten dieser revolutionären Bewegung bildet eine Gruppe englischer und kanadischer Wissenschaftler. Ihr Werk «Animals, men and morals» ist ein regelrechtes Manifest für die Befreiung der Tiere. Der Begriff «Emanzipation der Tiere» könnte als ein bloßes Wortspiel erscheinen, das nur eine verbale Annäherung an die Befreiungsbewegungen etwa der Schwarzen, der Frauen, der Völker der Dritten Welt bedeutet, Bewegungen, die unsere Zivilisation umgestalten (und die selbst noch weit von ihren Zielen entfernt sind).

In Wahrheit handelt es sich strukturell um genau dasselbe. Die Forderung, den Tieren bestimmte fundamentale Rechte zuzugestehen, baut auf einer soliden, streng rationalen Grundlage auf. Ständig hat der Mensch seine Überlegenheit gegenüber dem Tier behauptet. Doch aufgrund welcher Fakten? Aufgrund seiner Intelligenz? Dazu führt Bill Gilbert aus: «Im Lauf der Geschichte wurde die Beziehung zwischen den Menschen und den anderen Tieren stets auf der Voraussetzung aufgebaut, daß wir, und nur wir, mit Intelligenz begabt seien. Im Gefolge dieses fälschlich angenommenen Sonderstatus haben wir uns eine Menge Sonderrechte eingeräumt. Wir haben deklariert, daß es zwei verschiedene ethische Systeme gebe, die die Beziehungen zwischen den Lebewesen regeln – eines, das von Mensch zu Mensch gilt und ein anderes, das zwischen Mensch und Tier gilt. Ein Mensch, der ein Kind seinen Eltern entreißt, wird ein Verbrecher genannt, derjenige, der ein kleines vernunftloses Tier seinen Eltern raubt, heißt Zoologe und Naturforscher...»

Wann hätte jemals die Intelligenz das Recht verliehen, die Persönlichkeit der weniger Intelligenten zu verletzen und sie nach Belieben zu unterdrücken oder zu töten? Wenn dies zwischen Menschen gilt, warum sollte es für Tiere nicht gelten? Im Namen welchen Prinzips? Der Begriff der Gleichheit gründet sich nicht auf die Intelligenz. Das Problem stellt sich also genau andersherum: Gibt es *Gemeinsamkeiten* zwischen Mensch und Tier, die den Anspruch auf elementare Rechte, insbesondere das Recht auf Leben, begründen? Die Antwort können wir in diesen Worten von Jeremy Bentham (1748–1832) finden: «Der Tag wird kommen, an dem der Rest der belebten Schöpfung jene Rechte erwerben wird, die ihm nur von der Hand der Tyrannei vorenthalten werden konnten. Die Franzosen haben bereits entdeckt, daß die Schwärze der Haut kein Grund ist, ein menschliches Wesen hilflos der Laune eines Peinigers auszuliefern. Vielleicht wird eines Tages erkannt werden, daß die Anzahl der Beine, die Behaarung der Haut oder die Endung des Kreuzbeins ebensowenig Gründe dafür sind, ein empfindendes Wesen diesem Schicksal zu überlassen. Was sonst sollte die unüberschreitbare Linie ausmachen? Ist es die Fähigkeit des Verstandes oder vielleicht die Fähigkeit der Rede? Ein voll ausgewachsenes Pferd aber oder ein Hund ist unvergleichlich verständiger und mitteilsamer als ein einen Tag alter Säugling oder sogar als ein Säugling von einem Monat. Doch selbst wenn es anders wäre, was würde das ausmachen? Die Frage ist nicht: Können sie *verständig denken*? Oder: Können sie *sprechen*? Die Frage ist: Können sie *leiden*?»

Menschen und Tiere haben die Fähigkeit gemeinsam, daß sie fühlen und Leid erfahren können. Sie haben eine ähnliche psychische Struktur, die ihnen erlaubt, an der Existenz teilzunehmen, sich ihrer Umgebung anzupassen, sich Regeln und Formen des sozialen Zusammenlebens zu geben. Wenn wir zugeben, daß Tiere leidensfähig sind – und das wird einmütig zugegeben –, wie können wir dann die Bedeutung von Tierleben verneinen? Wie können wir diejenigen verurteilen, die Grausamkeiten an Tieren begehen, wie ein Gesetz gegen Tierversuche fordern, wenn wir gleichzeitig akzeptieren, daß Tiere in Batterien aufgezogen, gezüchtet, eingesperrt, hingemordet und in den Wahnsinn getrieben werden?

Das ist ein Widerspruch, aus dem der Mensch heraustreten muß, und sei es nur, um mit sich selbst zur Übereinstimmung zu gelangen. Und er kann den Widerspruch nur aufheben, wenn er die unwiederholbare Einzigartigkeit eines jeden Tierindividuums anerkennt und ihm seine Freiheit und seine Autonomie wiedergibt, wenn er seine «Kultur» respektiert, das heißt seine vieltausendjährige Beziehung zu seiner natürlichen Umgebung.

Wenn erst die Auffassung von der «Maschine Tier» aufgegeben ist, die nur ein Alibi darstellt, dann kann der Mensch nicht mehr anders, dann muß er seine Position gegenüber den anderen Lebewesen radikal verändern.

Bibliographie

Ardrey, Robert: Adam kam aus Afrika, dtv, München 1971

Bowlby, John: Attachment, Penguin Books 1972

Bronzini, Ermanno: «Serve ancora un zoo?», in «Epoca» vom 17.9.1972

Chauvin, Remy: Le società animali, Bompiani, Mailand 1972

Croo, J. H.: Social organisation and environment, in «Animal Behavior», 18/1970

Diolé, Philippe: Les animaux malades de l'homme, Flammarion, Paris 1974

Ellenberger, H.: «Jardin zoologique et hôpital psychiatrique», in «Psychiatrie animale», Desclée De Brouwer, Paris 1964

Ey, Henry: «Le concept de psychiatrie animale», in «Psychiatrie animale», Paris 1964

Fellini, Riccardo: Lo zoo folle, Fernsehsendung der RAI und Italtelevision, Text Mino Monicelli, 1974

Ghibaudi, Bruno: «Un caimano nel bagno e un leoncino nel salotto», in «La Stampa», Turin, vom 22.8.1973

Gilbert, Bill: Il linguaggio degli animali, Sugar, Mailand 1969

Godlovich, Harris: Animals, Men and Morals, Taplinger, New York 1973

Goffman, Erving: Asylums, Einaudi, Turin 1968

Goodall-van Lawick, Jane: Wilde Schimpansen, Rowohlt, Reinbek 1971

Guillaume, P: Psicologia animale, Sansoni, Florenz 1973
Hebb, D. O.: «Spontaneous neurosi in chimpanzees», in «Abnormal Behavior in Animals», W. B. Saunders Comp., Philadelphia, London, Toronto 1968
Hediger, H.: «Freiheit und Gefangenschaft im Leben des Tieres», in «Psychiatrie animale», Paris 1964
Lanteri-Laura, Georges: «La psychiatrie animale et les troubles du comportement chez les animaux», in «Psychiatrie animale», Paris 1964
Lorenz, Konrad: Er redete mit dem Vieh, den Vögeln und den Fischen, dtv, München 1964
Lorenz, Konrad: Vergleichende Verhaltensforschung, dtv, München 1984
Mainardi, Danilo: L'animale culturale, Rizzoli, Mailand 1974
Mainardi, Danilo: «Il comportamento anormale degli animali», in «Sapere» Nr. 761, Juni 1973
Manning, Aubrey: Il comportamento animale, Boringhieri, Turin 1968
Manuel, Roger: «J'ai travaillé chez les trafiquants d'animaux», in «Paris-Match» vom 26.1.1974
Meyer-Holzapfel, Monica: «Mouvements stéréotypés chez les animaux», in «Psychiatrie animale», Paris 1964, «Abnormal Behavior in Zoo Animals», in «Abnormal Behavior», Toronto 1968
Morris, Desmond: «Must we have zoos?», in «Life» vom 8.11. 1968
Morris, Desmond: «Der nackte Affe», München 1968
Remane, A.: La vita sociale degli animali, Feltrinelli, Mailand 1967
Rossif, Frédéric: «Vie des animaux», in «Réalités», Dez. 1973
Rossif, Frédéric: L'apocalypse des animaux, Fernsehsendung der RAI in Coproduktion mit Télé-Hachette Paris, Text François Billetdoux, 1973
Rutter, Michael: Bindung und Trennung in der frühen Kindheit, München 1978

Ryder, Richard: «Experiments on Animals», in «Animals, Men and Morals», New York 1973
Ryder, Richard: Victims of Science, London 1975 und 1983
Sacase, Christiane: «Zoos en liberté», in «L'Express» vom 31.7.72
Sanna, Emilio: Inchiesta sulle carceri, De Donato, Bari 1970; L'uomo questo animale, Palazzi, Mailand 1971; Il lato animale 1971, Fernsehsendungen TV italiana 1971
Schaller, Georges: L'anno del gorilla, De Donato, Bari 1970; «The shame of the naked cage», in «Life» vom 8.11.1968
Singer, Peter: Die Befreiung der Tiere, Hirthammer, München 1982
Tinbergen, Nico: Il comportamento sociale degli animali, Einaudi, Turin 1973
Todisco, Alfredo: Animali addio, SEI, Turin 1973
Wynne-Edwards, V. C.: Animal Dispersion in relation to Social Behavior, Oliver and Boyd, Edinburgh und London 1962